CONTENTS

HARD PUZZLES   **3**

SOLUTIONS   **54**

① The numbers 1 to 9 may only appear once in each line :

9	1		3			4	2	7
2		8	1		6		9	3
4		3		9	2	6	8	1
		5						
		9	6	7	3	1		
7	3	4	2	5	1	9	6	8
			5			7		6
6			7	3	8	5	2	
5	8		6			1	3	

② The numbers 1 to 9 may only appear once in each column :

9	1		3			4	2	7
2		8	1		6		9	3
4		3		9	2	6	8	1
		5					7	
		9	6	7	3	1		
	3	4	2		1	9	6	8
			5			7	4	6
6			7	3	8	5	2	
5	8		6			1	3	

③ The numbers 1 to 9 may only appear once in each square :

9	1		3			4	2	7
2		8	1		6	5	9	3
4		3		9	2	6	8	1
		5						
		9	6	7	3	1		
	3	4	2		1	9	6	8
			5			7		6
6			7	3	8	5	2	
5	8		6			1	3	

HARD

PUZZLES

HARD - 1

					2			
5				8			9	
2	1					7	6	
				1			5	
			3				1	7
1		9			7			
			5			3		2
6		2		8			4	
3		1			2	6		

HARD - 2

				2			1	
	6	5					4	
4	3		7					
		3			7	1		8
		6	5	8				
								9
				9			6	
6	8					3		7
			2				4	1

HARD - 3

	6		9	4				
2				9				
	4				5			8
	3	7	2		4	1		
9				5				
	2	4					5	3
4		6				7		
		5			9			
			6					1

HARD - 4

				2		3		1
2	7							
		1	3	8			6	
		6	8	9	5		1	
				7	1		4	
7						4		
		5		1				2
		9					5	8

HARD - 5

	9			6			7	
				8	7		3	
7		6				8		5
6		2		4				
			3					
	7	4	5					2
1						2		9
					8	1		
	8	7	1	2				

HARD - 6

5				8			7	
				4		1		6
			7					4
					2	5		
	6		8		5			
7	5	2						
		3		1	9			
9							1	
6		8	2			3		

4

HARD - 7

		4		7		9	3	
6								
				9		2		
1	6	8					4	
	7			6			9	
		2		8			7	
2								
	3		9		6	5		
7	1		8	2		3		

HARD - 8

9				4		6		2
							1	5
			6				8	7
3	7			8	4			5
8			7	5				
		3	5	7	9	4		
	1	9	3					
		7						

HARD - 9

1								
	6	2			5			
		5	4	9				
8				6			2	7
			2	7		9		
6							8	4
			1	8		7	4	6
							5	3
	4							

HARD - 10

			3					6
	7				5	4	9	
2		4						
		8	2	1				
	9				4	1	8	5
					8		3	
6	4		5			7		
			4					
	8							3

HARD - 11

7		5		3				
							3	5
	6	2	5			8		
				7	9			8
	9	1					7	2
				6				
		3			8	1	4	
2								7
	7	8				3	5	

HARD - 12

					4	7		
4		9	1			2		
			9		3			
6			8	7			9	
			5				1	
		1					3	8
			7	8				
7	5	2		6				
		1		4		9		

HARD - 13

6		8	2					1
				9		4		
9	2	4		5				
					4	9		
							1	
	9	3				6	7	5
	7					3		
				6		4		
			5		3			

HARD - 14

	2		3				1	
8						5	9	
1		6			8			
		2		4	1	7		
			6	7	5			
				9				
3		5						7
	6						3	4
	7							5

HARD - 15

		5			2			
	8	1	7	9				
			3	5				
2		8			9		7	6
				7				4
		6	2	8				
	9							
6					8		3	
		7		6		1	5	9

HARD - 16

			4					1
		9		6			8	
	5							2
	4		8			9	5	7
2			9		3			4
	8							
				4			3	8
4			5				7	
3			6					

HARD - 17

							4	
			9	5		1		3
9				8	7			
			6			3		
	6	7	3		4			
	2				9		6	
7	8							
5			6	7		9		
			2	5	4			

HARD - 18

					4			6
4			1	8	5			
	9						3	
			9					
					3	7		
	8	2	7		6			3
						9	5	
	7	5	4	1				
		3			7		9	4

6

HARD - 19

3			6	4			8	9
	5	9						3
					2		9	8
4	2							
		6	5			1	7	
		7	9					
	8					3	2	
	3		8					6

HARD - 20

				3		7		6
3	1	8						
					5	8		
	8							
		4			9	5		
7			2			4		1
						3		7
	9		5	2				
5		7	8	4				

HARD - 21

	4		1		7			
2		9					8	
7				3				9
		2			4	5		7
3			2	8		9	1	
		4						
		8	7					
4			6					
						6	8	

HARD - 22

	1	7						
			7	3				9
				8		6		
5			9		7	2		
	8	2		1		9		
			8			3	4	
	4					1		
3	9				6	4		
			5		3			

HARD - 23

	6	5	7					
			5			7		
	7		6	3			8	
		6		7	3			4
				4			5	
				9		2		7
6							4	
	2	7	1		5		6	
8						1		

HARD - 24

						3		
	2		9	6		8		4
		7	8			9		
2		5				4	8	
	6			7				
				2		1		
8		9	6					
							5	
1		2	3		7		9	

HARD - 25

```
. . 3 | . . 8 | 1 . 7
. 2 . | . . . | . . .
4 . 1 | . . . | 6 . .
------+-------+------
. 8 . | . . . | . . .
. . 6 | 8 . . | 9 . .
. 5 . | 9 2 . | . . 8
------+-------+------
. . . | 4 . . | . . 2
. . . | . 3 . | . . 5
8 . 5 | . . 7 | . 9 1
```

HARD - 26

```
1 . 7 | . . 2 | . . .
. 2 . | . . . | 5 . .
. . . | . 7 . | . 3 .
------+-------+------
. . . | . 2 . | 4 . .
. . 1 | 7 6 . | . 8 .
4 3 . | 8 . 1 | 9 2 7
------+-------+------
. . . | . . 8 | 1 . 3
3 . 4 | . . . | . . .
. . . | 4 3 . | . . .
```

HARD - 27

```
. 9 . | . 2 . | 5 . .
. . . | 6 9 . | 8 . .
. . . | 2 . . | 6 . 8
------+-------+------
. 7 . | 8 5 . | . . 3
1 . . | 7 . 6 | . . 2
. . . | . . . | . . .
------+-------+------
. 4 6 | . . . | 7 9 .
. . 8 | . . . | . . .
7 . . | 5 . 1 | . . 4
```

HARD - 28

```
5 . 6 | . 2 7 | 1 . .
. 7 . | . 4 . | . . .
. . 8 | 5 . . | . . .
------+-------+------
. . . | . . . | 6 3 .
2 . . | . 7 . | 5 . 9
4 . 1 | . . . | . 7 .
------+-------+------
. . . | . 4 . | . 6 .
. . . | 2 8 . | 3 . 4
8 1 . | . 3 . | . . .
```

HARD - 29

```
. . 9 | 8 . . | 3 1 .
. 3 . | . 6 2 | 4 . .
. . . | 7 . . | . . .
------+-------+------
2 . . | . . . | . . .
. . . | 7 6 . | 2 . .
. 7 . | 5 . . | 8 6 .
------+-------+------
. . 6 | 4 . . | . . .
. 1 7 | . 9 . | . 3 .
9 . . | . . 1 | . 8 .
```

HARD - 30

```
. . . | . . 4 | . . .
3 6 . | . . . | 7 9 .
. . . | 5 3 . | . . 2
------+-------+------
2 . . | . 9 . | . . .
4 . 1 | . . . | 8 . 9
7 . . | 9 . 2 | . . .
------+-------+------
5 . . | . 6 . | . . 3
. . 2 | 9 . . | 5 . .
. . . | 8 . . | . 4 .
```

HARD - 31

5			7	1				8
						7	2	
		9		2	8	3		5
			8					
	7	4	6					
					3		5	
1				4		7		
	9		1			4		
	2			8				

HARD - 32

9		7		2	5			
	2							
			3		9			
	4	8				5		3
5		9	2					7
			7					8
3			8			1		6
8				1				
2						4		

HARD - 33

			5					1
		4	7		3		8	
	9		2	1	8	5		
	2	8	6					
		7						
							2	9
			8	5	7	6		
					1		5	3
			3	4		2		

HARD - 34

				1			8	
8	5		2		6		3	1
7	3							2
	1					8	4	
9	2							
		5	7					
6					1		2	3
			8			4	5	

HARD - 35

		1	2			4		
		2	5				7	1
	3		9			2		
					1	3		
4				9		2		
9	8	6						
					5			
6		9		2				3
	7		4	3				

HARD - 36

4								
	1		2		8		7	4
				3	4		6	
		4	5	9				3
				6		8		2
2					1			
		2	3			9		
	5	6						
	4				6	7		5

HARD - 37

8		7	4				6	
	4		9		2			
	1						2	
2				7	6			8
	4	8				3	7	
			1	8		9		
7			8					
3	9			2			1	
		2						

HARD - 38

1				5	3		6	
	4			2	8		7	
						8		
	3	4			9			1
	1				5			
	7						3	2
	9	6	4					
								7
			1	3		2	9	

HARD - 39

					8	9	6	5
			6	3				
			5		4			
	8						5	
9		6		1			7	
			4		6			
		7			9	6		
	6	4	2					3
		9				2		

HARD - 40

			9	7			6	
8					5	7		
1	2			6				9
						3	8	
	3	5				4		
4							1	
3		1		2			9	
	9		6	4				
			8					3

HARD - 41

5			3	8		7		2
			5	4		3		
				1	2	6		
	7	3			9	5	6	
	5	2		6				7
								9
7	3					1	9	
	6	1						

HARD - 42

	4	1				9		
		5	8		9			7
		7						
8	5			7		2		
			5				3	
1				8				
	7			8		5	6	
						8		2
3				2		4		1

HARD - 43

```
7 1 5 | . . . | . . .
. . . | 7 . . | . 4 .
. 9 . | 8 . . | 2 5 .
------+-------+------
8 6 2 | . . . | . 1 3
. 3 . | . . . | . . .
. 7 . | . 2 8 | 4 . .
------+-------+------
. . . | . . . | . . 8
. 8 . | 2 1 . | . . .
. 4 6 | . . 7 | 1 . .
```

HARD - 44

```
5 . . | . 3 . | . . .
8 2 . | . 4 . | 6 . .
. 1 . | 2 7 . | 3 5 .
------+-------+------
. . 6 | 2 . . | . . .
1 . . | 4 . . | . 8 6
. 8 . | . 6 . | . . .
------+-------+------
. 4 2 | 3 1 . | 5 . .
. . . | 4 5 . | . . 7
. . . | . . . | . . .
```

HARD - 45

```
. . . | 7 8 . | . . .
. 5 . | . 4 2 | . . 1
. . . | . . 6 | . . .
------+-------+------
. . . | . 9 . | 1 . .
9 . 2 | . . . | . . 5
. 6 . | 3 . . | 4 . .
------+-------+------
5 . . | 9 . 2 | 7 . .
. 6 . | . . 3 | . . 4
3 4 . | 8 . . | . . .
```

HARD - 46

```
8 . . | 2 9 . | 3 . .
3 2 . | . . 7 | 1 . 4
. . . | 3 . . | . . 5
------+-------+------
. . 4 | 9 . . | . . .
. . 8 | . 4 . | 2 . .
5 . . | . . . | . 7 .
------+-------+------
. . . | . . . | . . 3
. . 1 | 4 5 6 | 8 . .
. . 8 | . . . | . . .
```

HARD - 47

```
. . 2 | 8 . . | 9 5 .
. 3 . | 1 . . | . . .
. . . | . 5 . | 4 6 .
------+-------+------
. . . | . . 5 | 7 . .
2 4 . | 3 . 1 | . 8 .
. . 6 | . . . | . . .
------+-------+------
. . 8 | . . . | 2 4 .
9 . . | . . 2 | . . 7
1 . . | 7 . . | . . .
```

HARD - 48

```
. . 9 | 2 . . | . . 7
3 . 7 | 9 8 . | . 6 4
1 . 2 | . . 6 | . 9 .
------+-------+------
. . . | 2 9 . | . . .
6 . . | . 8 . | . 7 .
. 7 . | . . . | . . .
------+-------+------
. . . | 6 . 2 | 1 . .
. 8 . | 4 . 5 | 2 . .
. . . | . . . | . . 6
```

HARD - 49

	8		6		7			
							7	4
3	5				8	6	1	
		6				1		
2				5			8	
			3	1		4		2
5								1
			5		3			8
		4				3		

HARD - 50

		2				5		3
			5		6			
				9	2			1
1	3					4		7
		4	9	5			1	
8	9							
				8	5		4	
5								
					1	6		9

HARD - 51

	5		9	1		6		
					8		3	
	9		5			7		4
		7					5	
				3		4	7	
				1				
9	8				6			
	3					5		
	2	6	8	7		3		

HARD - 52

4				3	8	6		1
			2					5
8								
			3			4	6	7
	2		9		4			
			7	8				
1				2		9		
	9		7			8		4
	4					7		

HARD - 53

			3		4	6		
	6			1				
2		9				7		
	1		4	8				3
			1			6	9	
6				7		1		
			3			4	8	
	5		4					
	7					2		

HARD - 54

			8				1	4
	2		3	1				
				4				3
	9					2	8	1
1			5					
	7			9		5		
	4		9			1	6	2
	6	7				9		
9						4		

HARD - 55

	1		9	6			3	4
	5					1		
			2			8		7
	9				3			
	8			5	7			
	7	4			2			
1						3		
5				4	9			
9	4						8	

HARD - 56

	9				5			
				8			7	1
2	5				4		6	
		5						
1	6	3				9		
3			2	6			1	
	1					6	9	
		9	4		1	3		5

HARD - 57

		1				7		
5								
7			2				5	
	3						9	
	4	6	5			1		
				8	2			
					7		1	6
	8	9	4			3		
	4	3		5				8

HARD - 58

		1				2		
5	2			3		8		
		6		2	7			9
	5							
8			1	9		4	3	
			8	7			5	1
	3	6				9		
9				3				
	5							

HARD - 59

	5					8		
7			2					3
	3		9	4		5		
		8					7	6
				1	4			
		9		8	2		3	7
2		7		9		1		
			4		6			9

HARD - 60

			4					
9		5				8	6	
		2				5		3
2				8	6		4	
	8		1		7			
5				1	2			
	7		5	4		3		
3						9		2

HARD - 61

2	9						6	
	3			7			5	1
						8	4	
	2		6	9		1		
		4					7	6
	7			4		5		
	8		7	3				
				8				
			2		9	3	8	

HARD - 62

		2				4		
	8		2			1		6
1	3				9		5	
2				9		6		
		6			7			
	5		8			3		
		8	4	2	3			
3			7	1		5		
				5				

HARD - 63

9	1				7			
	8			2		7		1
			8				5	3
		3		5	1	2	6	
				6		3		
		4						
				4		5	2	
5			6			4		
2					9			

HARD - 64

6		2	5					
				3			2	
	1				9	8		
9			6		4		3	5
			7					9
							6	
	2	6						
1				2		9		4
4			3	1	8			2

HARD - 65

		1				2		8
					6		5	9
2	3		8			7		
			4			3		
		4				2		7
		8				6		
			8	6	9			
9			2			7		
		1	7	4				

HARD - 66

	3			9			7	8
				8		4		
			2		1	3	9	
2	8		7		9			
5				3			8	1
								9
8			6					5
3	7		5					

HARD - 67

	9		4					
	2			7				
4	3	1			2			
			6			8		4
		2		5	1			
						1	3	
6	8				9	2		
	1			3		7		
				6			4	

HARD - 68

6			8				2	3
			2					6
	2			3		9	4	8
	1			4				
			5	9				
			1			5	3	
9			7					
7		3					8	5
	8							

HARD - 69

8	9					5		
			8		5			
			1				7	9
	7	3				6		
			7			9		
4			3				1	8
			5	8			4	
		2						
			2	6	1		5	

HARD - 70

	5	9		1		2		6
		6			9		5	
		8			6			
2		4						9
								4
	3		1				8	
9			2			1		
	6	2		4	8			3
								8

HARD - 71

			2	9				
	1	8			6	3		4
6								8
5	8	7			4	3		
						8	2	
			3					7
3			6					
		4			2			
			4			7		6

HARD - 72

		7						4
5								7
					2		6	3
	1							
	4	6	5		1		3	
3				4		6		5
		1		2	7			
9			3	6				8
				8	5			

HARD - 73

```
7 . . | . 1 . | . 3 .
3 . . | 5 . . | 9 6 .
5 . . | . 7 . | 8 . .
------+-------+------
. 2 . | . 3 . | . . .
9 . . | 2 6 . | . . 4
. 5 . | 6 9 7 | 3 . .
------+-------+------
. . 6 | . . . | 2 . .
1 3 . | . . 4 | 6 . .
. . . | . . . | . . .
```

HARD - 74

```
. 5 3 | . . . | . 4 .
7 . . | 1 . . | . 2 .
1 6 . | . . . | 3 . .
------+-------+------
. . . | . 9 . | . . .
. . . | 3 . 7 | . . 1
. 1 . | . 2 . | 8 . .
------+-------+------
. . . | 4 . . | 7 . .
4 8 . | . . 6 | . . 9
. . 6 | 7 . . | . . 2
```

HARD - 75

```
. . 5 | . . . | 3 . .
. 7 . | 8 . . | . . 9
. . 9 | . 7 . | 1 . .
------+-------+------
8 . . | . 9 . | . . .
. . 1 | 2 3 . | . . 4
2 . . | 1 . . | . . .
------+-------+------
. . . | 7 . . | . . 3
. 2 8 | 3 1 . | . . .
3 . . | . . 4 | 6 . .
```

HARD - 76

```
. 9 . | . . . | . . .
. 5 2 | 8 3 7 | . . .
. 8 . | . 2 . | 7 . 1
------+-------+------
. . . | . 9 . | . . .
8 3 7 | . 5 . | . 6 .
. 6 . | . . . | . 3 .
------+-------+------
. 4 . | 3 1 . | . . 9
. . 1 | . . 5 | . . .
. . . | . . . | 5 . .
```

HARD - 77

```
. . 5 | 6 . . | 9 . .
. . 1 | . . 4 | . . .
. 7 . | . . . | 6 3 .
------+-------+------
5 1 8 | . . 3 | . . .
9 . . | . . 2 | . . 5
. 3 . | . . . | 4 . 7
------+-------+------
. 2 3 | 9 . 1 | 5 . .
. . . | . . . | . 7 .
. . . | . . . | 3 . .
```

HARD - 78

```
2 . . | 5 . . | . . .
. . . | 1 . 2 | . . 9
8 1 . | . 3 . | . . .
------+-------+------
. . . | . . . | . 4 7
. 2 4 | . 8 . | . 3 .
. . . | . . . | 6 . 2
------+-------+------
5 . 1 | . . . | 4 . .
7 . 8 | . 5 . | . . .
. 6 . | . 4 . | . 9 8
```

HARD - 79

								9
9			2	5				
	7	5	4	3				1
				4		7	8	
		9	6		5			3
7						6		
1			4	7				
	2		8					
			3			2	7	

HARD - 80

4			6		1		2	
				9				
	9			5	2	3		
	8							
		3		4		2		
	7	9	8	2	6			
		2				4		
				3				7
				8	7	6		

HARD - 81

		7	8					
						9	6	
3	1					8	2	4
			5	9				6
			6		1	3		
	6	1						
	7	9						
	5	2		4	3			1
			2	8		7		

HARD - 82

	2			9		5	6	
6				8	7			
		8					2	
5	3						1	
	8			4				2
		2			1	8		3
	7			6			3	
				7	8			
			1				8	5

HARD - 83

		7	4					
6	2		1					7
	9					2		
1					6			9
				1		4	2	
9	7			5		6	3	
	1		8	6	2	9		
			9					8
						2		

HARD - 84

					8		1	6
						2		
	1	5	9					7
		8	6	7		4		2
				2		5		
	2				5			
	5			9			3	8
	7							5
4		6		8				

17

HARD - 85

			4	7	3		6	
		3	5			2		4
	4	6					3	5
		8						
		4	2					7
2				9				
3				2				
			3			9		
9			6	8			7	3

HARD - 86

			7	8	9	3		
9			2			3		6
	4						2	
		2	9			8		
			5			2		
	9					4	6	
7			8	5		1		
8								
4							5	7

HARD - 87

	9		8		5			
		5	9		4	7		
		7					8	9
	6		7		8	9		
				6		2		
		3						
	8	4				9	2	
								5
5		2				3		1

HARD - 88

	1				3			2
5							4	8
4			2					7
8							2	
			9	6	8			5
	5		3	7				
	2		1	8		3		4
	6	4	5					

HARD - 89

7				5	1			
2				7			8	3
		6	3					7
		5	9					1
		9	4	6				
3						9		
		2						
		4	8			2		
1						8		9

HARD - 90

					5	7		4
	4							2
		7	3					
	6						9	
4	8		6		9			3
			5			4		1
		6		4				
	1		5	2	8			6
5			3			2		

HARD - 91

6		4		3				
5			4	6				3
					5			
	8		7			2		
		6		8		7	4	9
						3		
		7				1	5	
	9			1				8
	3	2						

HARD - 92

	2	6		1				
9								
4	5	7		6			1	
8			9			2		
2				8			5	
		5	4			1	9	
	3					9		
			7	2				3
	8			9				7

HARD - 93

9			8					5
	8	1		5				
	6	5		3	9			
						1		
			1	9	7			
8		9			6		2	
1	3				5		7	
6					1	2	9	
7								

HARD - 94

	1			4	8			5
			9				4	3
7			5	2			8	
					9			1
		8						
	7			1	6	3		
3								
	4					7	3	
2		9					6	4

HARD - 95

	7				9			
			5			3		7
5					1		9	
	5		7				1	9
	9				6			
			9			6	2	
		4						6
		2	1			4	5	
	1			4				

HARD - 96

5						8		9
	7	4				2		
	8	3					6	
	3			2				
	6		7	8		3		
1								4
7		5			4	6		
		1	7					
			8		5			

HARD - 97

				8		3		1
					3	2		
			2	7		8		
9	7							
		3						4
6	1					3	2	
	9		7			1	6	
4				3				
	2					1	9	

HARD - 98

								9
3		2	6				5	
1					9	2		
	7				3		4	1
2			5					
					8			5
9								8
6	3		9	4				
5	4					6		

HARD - 99

2						9		
		9	3	7		4		
				5				
	8	7	6	4				
4			5			6	7	9
								3
		2			4			1
			2					
	9	1	7			5		

HARD - 100

			1					
4			5		2		7	8
				6		4		1
		9				8		3
	6	5						
	4		6	9		7		
2		6		1			3	
9	7		2	8		5		

HARD - 101

		6		9		5		
4		5	7		2			
7					1			
	3	8		6			9	
5	6			9				
						9		2
	9	7		3		4	6	
8	4							

HARD - 102

			2					
			1			6		5
				4	6		1	
	1	2			8	9	5	
	3					1		4
		6						
2			3					6
	7		9					
		5		6	2		9	7

20

HARD - 103

		2				9		
3		4		7				8
5				3				
4	3		1		7			
	5		9					3
						5		
		9					2	1
8					3			4
2	1		4					

HARD - 104

		2		7		4		
			3				2	
	8							
	9	3	2	4		7		
	1		6				5	2
	2			9		3		6
9								
	8	7	1					
	4					1	7	

HARD - 105

			4		8			
		1	2	7		8	4	
	4						9	
			3					
5		8	1					4
		6				5	1	
1				2				
3	8							5
2						6	7	

HARD - 106

	5				9	3	6	
3				7				9
		1		2				
	7			6		4		
		4	5			6		
	2							5
	6		8					
		5					8	3
		3	9	4			2	

HARD - 107

						7	8	
		2						
					8	5		2
		8	2				1	5
6					7			
			5	8	4			
	9	5				6		
		6	4		5			9
7			3	9		1		

HARD - 108

					3			4
	2			6				
	3	7					1	
5								
		1	2					6
			9	1	4		5	
1						7		
	5				7			3
6		8				2	9	5

```
. 7 . | . 6 . | . 8 .
. . . | 1 . . | . . 4
6 . . | . 3 7 | . . 2
------+-------+------
7 . 2 | . 8 . | 3 . .
. 4 . | . . . | . . .
. 3 . | . . 1 | . . 7
------+-------+------
. . . | . 2 3 | . 4 .
9 . . | 6 . . | 2 . 8
. . . | 7 . . | . . 9
```

```
. 1 3 | . . . | . . .
. . 7 | . 2 . | 4 1 .
. . . | 4 . . | 5 . .
------+-------+------
. 7 . | . 5 6 | . . 4
. 4 . | . . . | . . .
2 . . | 7 9 . | . . 8
------+-------+------
. 6 . | . . . | 9 . 1
. 2 . | 1 . . | . . .
. . 8 | 2 . . | 6 . .
```

```
. . 4 | 1 . . | 9 . .
. . 6 | . . 4 | . . .
. 5 . | . . . | 2 . .
------+-------+------
. . . | . . . | . 5 1
. . . | 4 3 . | 8 . .
7 4 . | 8 1 . | . . .
------+-------+------
. 1 . | 4 . . | . . 8
. 7 . | . . . | 3 . .
. . 3 | 2 . . | 9 7 4
```

```
. . . | 4 . . | 6 . .
. 9 5 | . . . | 8 . .
7 6 . | . 9 . | . 4 .
------+-------+------
. 5 . | . 4 . | . . 9
4 . . | 2 . . | . . .
. . . | 7 . . | 2 3 .
------+-------+------
6 . . | . 1 . | 3 . .
5 1 . | . . . | 8 . .
. . . | 9 . . | 1 . .
```

```
. 7 . | 2 . 6 | . . .
. . . | 3 . . | . . 2
. . . | 5 . 4 | . . .
------+-------+------
. 6 4 | . 8 . | 9 . .
. . 9 | . . . | 2 8 .
. . 2 | . 3 . | . . .
------+-------+------
. 2 8 | . 4 . | . 5 .
. . . | 5 . . | 3 . 6
. . . | 3 1 . | . . .
```

```
8 1 . | 5 . . | . . .
. . 4 | . 9 . | 6 . .
9 . 6 | 7 . . | . . .
------+-------+------
. . . | 4 . . | 7 . .
3 . 9 | . . . | 2 . .
. 2 . | 9 . . | 8 . 1
------+-------+------
. . . | 1 . 2 | . . .
. . . | 6 . . | 7 . .
2 . . | 7 . . | . . 8
```

HARD - 115

```
. . 3 | 7 . . | . . 6
. . . | . 6 . | 7 . .
. 1 . | . . . | 4 . .
------+-------+------
. 3 . | 9 . . | . . .
2 . 9 | . . . | 8 . .
. 1 . | . 2 . | 3 . .
------+-------+------
3 . . | . . 9 | 4 8 7
. 2 . | . 4 . | . . .
9 8 . | . . 5 | . . 2
```

HARD - 116

```
6 . . | 9 . 8 | . 5 .
. 3 . | . 4 . | . . .
5 . 9 | . 6 . | 4 . .
------+-------+------
3 . . | 7 . . | . 4 5
. . . | . . 1 | . 8 .
. . . | . 8 . | 2 . .
------+-------+------
8 7 . | . . . | . . 9
. 2 5 | 4 . . | . . 1
. . . | . . . | . . .
```

HARD - 117

```
. 7 9 | . 1 . | 4 . .
. 8 . | . . . | 6 . .
. 6 . | . 2 . | . . .
------+-------+------
8 . . | 5 . . | 1 . .
. . . | . . . | . . 7
9 . 1 | . . 4 | 3 . .
------+-------+------
. . 8 | . 7 1 | . 4 .
2 . . | . . . | 5 . .
. 4 . | . 6 . | . . 9
```

HARD - 118

```
. . . | . . . | . 5 .
. . 8 | 2 . . | 9 3 .
. . . | . 1 . | . . 6
------+-------+------
2 . . | . 5 . | 6 . .
. 1 7 | 4 . . | 8 . .
5 4 . | 8 . . | 2 . .
------+-------+------
. . . | . . 9 | . 4 .
6 . . | . . . | 1 . .
7 . . | . 1 . | 5 . .
```

HARD - 119

```
2 . . | . . 9 | . . 1
. 5 . | 2 1 . | 6 . 3
. . 4 | . . . | 7 . .
------+-------+------
3 . . | 8 . . | 5 . .
. . . | . . 4 | . 6 8
. . . | . . . | . . .
------+-------+------
8 3 . | . 4 . | . . .
4 . . | 1 . . | 2 3 .
9 . . | 2 5 . | . . .
```

HARD - 120

```
9 . 2 | 5 . . | 6 1 8
. . . | . 2 . | 7 . .
3 . . | . 6 . | . . .
------+-------+------
. . . | 4 6 . | . . .
7 . . | 9 . . | 2 . 6
. . 1 | . . . | . 8 .
------+-------+------
. 8 . | 7 . . | 5 . .
4 . . | . 3 . | . . 2
. . . | 1 . . | . 9 .
```

HARD - 121

```
. . . | . 4 . | . 8 .
5 . . | . . 6 | . . .
. . 3 | 5 8 2 | 1 . .
------+-------+------
. 5 . | 9 . . | 2 . .
. 4 . | 7 . . | 8 3 .
. . 9 | . . 3 | . . .
------+-------+------
2 . . | . 9 4 | . 5 1
. . 5 | . . . | . . .
. 7 . | . . . | . 6 2
```

HARD - 122

```
4 2 . | . 6 . | 1 . .
. . 3 | 2 . 5 | . . .
. . . | . . . | . 4 .
------+-------+------
. 6 . | 9 . 4 | . 2 .
. 7 . | 8 . . | . . .
. 9 . | 1 . . | 3 . .
------+-------+------
7 . . | . 1 . | . . 2
. 1 2 | . . 3 | 6 9 8
. . . | . . . | . . .
```

HARD - 123

```
6 4 . | . . 3 | 8 7 .
8 2 . | . . 1 | 4 6 9
1 . 7 | . . . | 3 . .
------+-------+------
. . . | . . . | 2 . .
. . . | . 6 3 | . . .
9 . . | . 2 7 | . . .
------+-------+------
. 1 . | 5 9 . | . . .
3 . . | . . . | 4 . .
. . . | 4 . . | 6 . .
```

HARD - 124

```
4 . . | . 8 . | . 1 .
. 7 . | . . . | . . .
. . . | 6 . . | . 5 7
------+-------+------
. 5 3 | 4 . . | 1 . .
. . 6 | . 1 2 | . . .
. . 1 | 5 . . | . 6 .
------+-------+------
5 9 . | . 2 7 | . . .
. . . | . . . | . . 5
. 6 2 | . 9 . | . 3 .
```

HARD - 125

```
. 5 . | . . . | . 4 .
. 3 . | . 5 . | 6 7 8
. . . | 1 8 . | 5 2 3
------+-------+------
8 . . | . . 9 | 5 . .
. 7 . | . 1 . | 3 . .
. . . | 7 4 . | . . 1
------+-------+------
6 . . | . . . | . . 7
. 2 . | 7 . . | . . .
9 . . | . 8 . | . . .
```

HARD - 126

```
. 4 . | . . . | 2 . .
2 . . | 3 7 . | . . .
. . . | . . 9 | . 8 .
------+-------+------
. . . | . 4 . | 9 7 6
. 2 7 | . . . | 8 3 5
. 5 . | . . 8 | . . .
------+-------+------
. . . | 8 4 . | 3 6 1
. . 5 | . 6 . | 4 . .
. . . | . . . | . 9 .
```

HARD - 127

					6			
	4	9	2		1		6	
		1		5			4	
		8	3		5			
						6	9	
	1		9			8		
					3	9	8	
7		4				5	1	
			4					

HARD - 128

	1			5		2		
3	9							4
			7	3		8		
6		9				4		8
4		5			9	1		2
			8			7	5	
	6							
		4			7	6		
							9	

HARD - 129

	7						1	
			4	2		3		
8						2	5	4
6	9		2					
	4		9	3		1		
	5			1	8			
			3			5	8	
3			7				6	1
				2				

HARD - 130

		7	9					
	3			6			2	8
	2	9			4			
3	6				7			
			5	3				1
			6			7		
		6				8		7
4		5						
1			4			5		

HARD - 131

	1		9		7	2		
						4		
8			3			1	7	
	5					6		
		7						5
2				8				
		4		5	1	7	9	
			8		4			
			7			8	3	4

HARD - 132

				5		1	2	6
			7	9	3			
						3		9
							3	7
			5		7	4		
6	2							
2	8	4	9					
	9		3		5		6	8
3			8					

HARD - 133

```
. . . | . 1 7 | . . 2
4 . . | . . . | . 6 1
3 8 . | . . . | 4 . .
------+-------+------
. . 9 | 1 . 2 | . . 3
. . . | 3 4 . | . . .
. . . | . . 6 | . 8 .
------+-------+------
. . 4 | . . . | 3 . 6
7 . . | 5 3 . | . . .
. 1 . | 6 . . | . . 9
```

HARD - 134

```
. . . | . . 2 | . . 7
. . . | . 9 . | 6 . 1
. . 5 | 8 1 . | 4 . 2
------+-------+------
. . . | 6 7 9 | 2 . .
6 . . | . 1 . | . 3 .
. 4 . | . . . | . . .
------+-------+------
1 . . | . . . | . 4 .
. . . | 7 . 3 | . . .
4 5 . | . . . | . . 3
```

HARD - 135

```
. . . | 2 4 . | . . .
. . . | . . . | 8 1 .
. . . | 3 9 6 | . . .
------+-------+------
. . 3 | . . . | 7 . 4
7 . . | 9 . . | . 1 6
. . 8 | 6 7 . | . . .
------+-------+------
. 6 . | 7 . 5 | 1 . .
8 2 . | . . . | 6 . .
9 . 5 | . . . | . . 8
```

HARD - 136

```
2 . 4 | . 5 . | 7 . .
. 5 . | . . 6 | 4 . .
3 . . | . . . | 9 . 5
------+-------+------
. . 9 | 5 8 . | . . 7
7 . . | . 3 . | . 4 9
. . . | . . . | 5 . .
------+-------+------
. 3 . | 1 . . | . . .
1 . . | 7 . . | . . .
4 . . | . . . | . 5 1
```

HARD - 137

```
3 . . | 9 . . | 8 6 .
. . . | . 5 8 | . 3 .
. 9 . | . . . | . 7 4
------+-------+------
. 3 . | . 9 . | 6 . .
. 2 . | . . 7 | . . .
6 . . | . . . | . . .
------+-------+------
. . . | . 4 . | 2 . 5
. . . | . 8 6 | . . 7
. 5 4 | 3 . . | 1 . 6
```

HARD - 138

```
. . . | . 5 . | . 3 .
. 2 . | 1 . 3 | . . 8
4 . . | 8 7 . | . . 5
------+-------+------
9 . 6 | 4 . 5 | . 8 .
2 3 . | . . . | . . 6
. . 1 | . . . | 4 . .
------+-------+------
. . . | . 7 . | . . .
6 . . | . . . | 7 1 .
3 . . | . 6 8 | . . .
```

HARD - 139

```
9 8 . | . 6 . | . . .
. 7 . | . . 4 | . . .
. . . | . 3 . | . 8 .
------+-------+------
. . 2 | . 4 7 | 1 5 .
. . . | . 4 . | 4 . .
. . 1 | . . . | . 2 9
------+-------+------
. . . | 9 . . | 3 4 .
4 . . | 6 7 . | . . .
. . . | . . 2 | 5 7 .
```

HARD - 140

```
. 5 . | 4 9 . | . 1 .
. 4 . | . 3 . | . 6 .
. . . | . 7 . | 9 . 5
------+-------+------
3 . . | . 2 . | . . .
5 . 4 | . . . | 7 . 6
1 . . | 3 . . | . . .
------+-------+------
. . . | 8 . . | 7 1 .
. 6 . | . 2 . | 9 . .
. . 5 | 9 . . | 3 . .
```

HARD - 141

```
. . 3 | . 5 . | 8 2 .
. 5 . | . . . | . . .
. 8 . | . 7 . | . . 9
------+-------+------
. 9 5 | 1 . 4 | . . 6
. . . | . . . | . . .
. . 6 | . 2 . | . . 1
------+-------+------
. . 2 | . 4 7 | . 5 .
5 . 4 | . 8 . | . . .
. . . | 3 . 5 | . 9 .
```

HARD - 142

```
4 6 . | 8 . . | . 7 .
. . 9 | . . . | . 8 .
. . . | . 1 . | 3 . 9
------+-------+------
7 2 . | . . . | . . 5
. . 8 | 7 2 1 | . . .
. 3 6 | . 5 . | . . .
------+-------+------
. 4 3 | . . 7 | . 5 .
. . . | 5 9 . | . . .
. . . | . . . | 8 . .
```

HARD - 143

```
4 2 . | . . . | . 9 .
. 7 . | . . 1 | 2 8 6
. . . | . . 2 | . . .
------+-------+------
. . 1 | . 4 . | 6 . 8
. 9 3 | . . . | . . .
. . 6 | 1 . 4 | . . .
------+-------+------
. 5 . | 1 7 . | 9 . .
3 . . | . 5 . | . . 2
. . . | . . . | 5 4 .
```

HARD - 144

```
. . . | 6 . . | . . .
4 . 1 | 3 . . | . 7 5
. 3 2 | . . 4 | . . .
------+-------+------
6 . 8 | . . . | . 2 .
. . . | . 5 . | 7 9 .
. 2 . | . 6 . | . . .
------+-------+------
. . . | 1 . . | 3 5 .
. 8 . | . 3 . | . . 7
. . . | . 2 9 | . . .
```

HARD - 145

					8			
2		4	3		5		8	9
			9			6		1
			2		6	3		
		5				2		8
7		3	4					
	4					9	6	
		8		2		4		5

HARD - 146

5			1				4	
	4	2				1		3
7		1			8		2	
				7			1	
4	9	5			6			2
			9			8		1
1						9	5	
	6	9						

HARD - 147

			9					4
	1		3					
	2	6			5	3		
	3				1	6	5	
						8		9
			2	5	9			
6			1	5		7	4	
		4	1			7		
			2			6		

HARD - 148

	6			8				
4			2			3	5	
					7			2
	1							9
	2	7	8				1	
9				2		7		
				5				
7			3	4				5
1	5		9				8	3

HARD - 149

			6					
	5					8	4	
3			8	5	2		1	
				3				4
	5			1			6	
7			5				2	
			8	9	7			
	7		2			3	8	
	8					6		1

HARD - 150

								4
	3	5		8	1			
	9	6						
2		4			5	1	9	7
3			4			2		
	5				2			
		8	3		9	4		
7				1				
						3	6	1

HARD - 151

	6			2				
5		4					2	
	2				4			9
				4	2			
			1	9			7	
	4	3		6				
		1			8	3		
				1				
	9		6	5		7		2

HARD - 152

	7			3				9
9		6					3	2
	8					5		
7	3	9					1	
			6				7	
			8	7	3			
3		5		7		2		
	1							8
				5				

HARD - 153

		5	2					8
		6	7	9				
	4			8			5	7
9					6			
5	2	7	4					
3		4						
		1						5
			8	7		4		
				3		9		

HARD - 154

	8		7	6	4		9	2
	3	9	5					8
6	4							
1	9							5
						7		
			8	1				
	6							9
			4			8		
	1	4	7	8		6		

HARD - 155

6	5		1			7	8	
	1		3				6	
4				5		1		
		8		6				2
								3
	9	6						7
9					5			
	8	7						
1				2	8			

HARD - 156

	3	1	4					
	2		7	9		5		
							4	2
	1	4			8			
9	5						1	3
		8						4
			8		4		6	
	9	5						
			9	3				

HARD - 157

		8				7	1	
	9			2			6	
	4			8		5		2
7	3		4					
		1						3
			2		6			
3								6
		5				4		
	7	9	8		3			

HARD - 158

				9				
1		7		8	5		4	
			4		6	5		1
		9					1	6
8						3		7
2			7	9				
4	5				7			
		8	5	4				
	1	2						

HARD - 159

			1		4	2		
4			2	9		1	7	
	5							
7			4	3			1	
	6							2
		5		2	6			8
						2		
	7				1		5	9
	8	1				3		

HARD - 160

		1	2			3		4
				8				
4	8	9						5
9			1					
		8		2		1		
			4			7		
					3	8		1
			9			6		
	1	7		5	6			9

HARD - 161

			3				7	
	4	9	8			1		
	2	8						5
			7					1
		4	5	8		7		
		2			9	5	8	
9			5			3	6	
	1					6	9	3

HARD - 162

	5	6	9					
		9			3		4	
4								
			3			9	6	
5				4		8		
	3	2			7			
			8			5	2	7
	5							
7			6	8		4	5	1

HARD - 163

4	1		7					2
				8				
	5		2	6				
		5	3	8				4
					5			
							5	3
5			2					9
6	4					7		
		7	4	9			8	

HARD - 164

7		4	1		3			
	2			4	5			
	1			9				4
			5			1	4	8
	7							3
			4					
2					9		1	
	3						5	
5	6	9				3		

HARD - 165

		2	8			4		
						5		6
5				7			1	3
1			3			6		
	4			8				1
	2		4					
			4					5
4		8		1		3		
3		9						

HARD - 166

		4				3	9	
2			1					
			5	9		1		
	9							
8	7			3				
3			4	5				6
5	2					8		
6								1
		5		6		3		2

HARD - 167

4		7		3				
3							1	
	8		9	5	1	7		
		2		8			4	
					7			8
8	9		4					
			6			1		3
		3					2	6
		1			3			7

HARD - 168

		8		3		6		
2				6				1
	1		9			5		
	7		3	5			6	
			7			1	4	
	2		4	8			3	
1					4			
							5	
	8					7		4

HARD - 169

9		6			8			7
7	8		9				3	
				4				
	5							
			6				8	
1	7			9	3	2		
	3			2		7	1	
		9	1			7	6	5
					6			

HARD - 170

		6		4				
		2		9	6			7
			3		8			
9			3					
			4				2	
6			1			3		
	4	7		3	2			
3		9	6				7	1
			1					9

HARD - 171

	3					1		
	7		4					3
	8	6						
	9		4			2		
			8		5			
5		7			2			
1			2	8	6	4		
			9	7	8	1		
								5

HARD - 172

2			9			1	6	
			8					3
		4	1			9		
		7	5		4			9
	8			2		5		
4	5					7		
3		2			8	6		
	4					8		
			3		5			

HARD - 173

			3		7			9
	9				6			
		7			2	3		1
6			8	5		7		3
			4			2		
					6			
5	4							
	2	8	7					
		6		5	3		8	

HARD - 174

1		2		4		5		3
	9							2
5		3	2		9		1	6
4						2		
	7		5					
	5		8		2			
							4	
6	8			1		9		
					4			1

32

HARD - 175

6					7	8	4	
			6		4		1	
	4			8		3		
		1		5			6	
		4	2					
	6		4		9		7	
9			1		2			5
		2						
4	7		5					

HARD - 176

	5						3	
			3	5				4
4				2				
	7				9	5		
1			3			9	8	
8	9					7		
	8							6
5		4	8	6				
9				4			1	

HARD - 177

	3		6					5
		6		3		8		
8			7					
3		1		7	9			
	4	5			2			
	7						1	
			4					2
						9		8
5	2		9			6		3

HARD - 178

	5					6	3	
	9		4			1		5
2								
1			4					6
9	4	7	2		8	3		1
				7				
3			9					
			5			7		
5		2	7					4

HARD - 179

	8							
	7			2	8	9		
	6		9					2
3					5			
	5	2		8		3	4	
			5			6	9	
			3					5
				6	1	4		
4	2	5						6

HARD - 180

	1		7			5		
	3		6			2		
							2	
6	8		2	4				
			8			2	4	
	7	2	5		9			
2	4		3			8		
	8		4			6	3	
	9			6				

HARD - 181

	6				8			
	4	8					7	
			7	3	6			
		5		7		6		
					3	7	2	
2								
	1	3		6		9		
7		2	4					
		4		1				5

HARD - 182

	1	3				7	2	5
	6							
	5	3		7				
				1	2			
4	9				8			3
2			5		3	6		8
						5		
			4					
				2			3	

HARD - 183

1								2
			3	5		4		
2	5		1			3		
8					6			
				9		8		
	9				5	6		
	8		9	2		5		
				3	7			8
	3	4		6			9	

HARD - 184

1	7							
				2				1
3					7		2	
9	8		7	4		2		
6		5		1	9			
7						3		8
8	4				5		1	
		3			8		6	7

HARD - 185

				1				7
				9	2			8
6						1		4
	3	9						
4			5	9				1
				8		5		
	6	8				3		
1				4			7	
	2		3			6		5

HARD - 186

5	3	1						
	7		1			4		
			7	6		9		
	1	2			6		9	
			8		9		7	
		7				8	3	
	6		8					9
7								2
	5		2				4	

34

HARD - 187

	9							
7	1		2					
	4					6	8	3
1	7	4		2		3		
	3				9			
		9		7	6			
5			4		2			
						1	4	6
					3	5		

HARD - 188

	3	9						
				2			3	5
5		4	6				9	
9				3		8		
					4			9
					5	6		
			9	8				1
8	2			7				
			5			2		6

HARD - 189

		2		1		4	3	
	1			3	8			
			6					2
6		4		8		9		
2	7					5		
	9		1			6		
	2					3		
			3				2	4
5			2	7	6			

HARD - 190

	6	3						4
1	2		7					5
						3		
	1			7		2	3	
			9			5		
2			4	8				
9								7
	7				8			
4			6	2		8		

HARD - 191

7			8	3		6	2	
				7				1
	5		2	6		9		
3			7		9			5
						4	3	9
	1	8		4				
	4				6			
						5	7	
		5						

HARD - 192

			5	7				6
2								
		1	9					
8						9		2
6			5			4		
		2			4		7	5
		5	8					3
	1						4	
	9		4		3	2		

35

HARD - 193

						9		8
2					8			
			7			3		
	4			9		8	7	
	2			7	4	1		
	1				5		9	
	8							
5	2	8				6		3
3			1	7				

HARD - 194

			7					
			5	1	8	6		
	5			3			9	4
5		8		9		1		
	1		2					
	4						5	
4					9			1
7	9							8
3				8	7	4		

HARD - 195

		2			8			
1	4							
		3		4	9			
	5		1					
				9		7	3	
	9			5			6	
	3			1	5			
2		7						
9	7		5		3	8		

HARD - 196

		9	1			6		
	7			4				
8	6					7		
		6		3	4			
	2		6		8		5	
								2
	8						3	
1			9	7			2	6
					1	4		9

HARD - 197

					1	2	4	
		4	8					6
	7		9	2	8			
4			8					9
	7	6						
	1		5	4				
3	5			4	9	7		
							3	5

HARD - 198

	2		6	9	5		1	
				4				
	1							
				8				5
9			1		3	6	4	
						8	3	
	7							4
		3				7	6	
3		5	2					9

36

HARD - 199

			3	1		2		
		4			7		6	3
			2	9		7	1	
			9			4		
			5			8		1
1	7	3						
7								
		5		2				
3		8				5		

HARD - 200

	9		1		6		8	
	6			3	5	7		
	4		9				2	6
			8					2
			2			9		4
1		3						
9	3	4						
						2		
		6		9				8

HARD - 201

			9	8		4		
4			2				8	
5	9							6
	6						4	
	5		7	8				2
9								5
			6	9		8	1	3
6				4				
		7	2			9		

HARD - 202

			1					
9			7			4		3
	7			3		8	9	5
						5		
7	6							
		4	5	1		6	2	
			4	6				
				9				
	8	6				3	4	

HARD - 203

	9	2				5		4
			2					
5		6		8				2
			6			4	3	
			9					
			7		1	5		
	8		9			1		
	5		6					
	2		3			9	7	

HARD - 204

	8		5			7		
			9	7				
			2	1				4
	2	3	4			8	9	
	7		3	2				
6		5						3
	6							2
3			1					
8	5	4					1	

37

HARD - 205

4	8	7	1	2		6	9	5
				9			3	
					5	7		
	5			8		1		
9		8						
2							7	8
		5	4				6	
						4		9
		6	8					

HARD - 206

				5		2		7
8	5							
			7	3			4	
	1				3	2		
		6	4		1			
	3				6	9		
3		5		2			7	9
4	7						6	
								3

HARD - 207

3	1					8	6	
		2	3		8			
				5				
	2					1		
6			9		7		4	
						5		2
		4		3			8	9
	8	3	4	9				
9								

HARD - 208

		8		2			4	
		3	7					
5	1							
1	7		5	8	9			
4							5	
6	2	1	9			3	7	
	9					4	3	5
		4				1	6	

HARD - 209

	7		1			2		
		2					8	
			7					9
	5		4					8
				2				5
	2	4		6		7		
		3	6	1	9			
				7				1
6	1	9						7

HARD - 210

	3	6						1
7			6					
			8		5			
		1				4		
		2	1		7			6
	8		4	3				
9			2	8				
1			6	9			8	2
	6		7					

HARD - 211

```
. . 2 | . . 8 | . 7 .
1 5 6 | . . 7 | . . .
. . . | . . . | . 5 .
------+-------+------
. . . | . 9 . | . . .
. 2 4 | . . . | 3 . .
. 3 . | . 2 1 | . . 4
------+-------+------
9 6 . | . . 2 | . . 8
. . . | 3 . . | . . .
. 8 . | . 6 . | 1 4 .
```

HARD - 212

```
8 6 7 | 4 . . | . 2 .
. 1 . | . . . | . . .
. 4 . | . 3 . | . . .
------+-------+------
. . 1 | . . . | . 4 .
. . . | . 2 . | . . 5
. . . | . 7 6 | 1 . .
------+-------+------
. . 9 | 7 1 . | 3 . .
. . . | . . 9 | . 8 .
4 . . | . 6 . | 2 1 .
```

HARD - 213

```
. . . | 1 9 . | . . 7
. 8 . | 3 . . | . . 5
. . . | . 8 5 | 6 . 3
------+-------+------
. 3 . | . . . | . . .
. . 7 | . . . | 8 . 6
. . . | 9 . 4 | 2 . .
------+-------+------
8 . . | . . . | 1 9 2
. 2 . | . . . | 7 5 .
. 9 . | . 2 . | . . 4
```

HARD - 214

```
5 6 . | . . . | 8 . 9
. . . | . 3 . | 2 . .
2 . . | 7 . . | 6 4 .
------+-------+------
9 . . | . 4 . | . . .
. . 2 | 8 . . | 5 . .
8 5 . | . 6 9 | . . .
------+-------+------
6 . . | . . . | . 5 .
. . 8 | 9 . . | . . .
. . . | . . 2 | 4 1 .
```

HARD - 215

```
. 6 . | . 7 . | . . .
5 . . | . . . | 6 . .
. 1 9 | . 4 8 | . . 2
------+-------+------
. . . | . . 5 | . . 4
8 . 2 | . 3 . | . . 1
. 4 . | . . . | 8 . 7
------+-------+------
2 . 5 | 8 . 7 | . . 3
. . 4 | 9 2 . | . . .
. . . | 4 . . | . . .
```

HARD - 216

```
. 8 . | 7 . . | . 5 4
7 4 1 | 3 . . | . . 9
. . . | . . 4 | . . 3
------+-------+------
4 . . | . . . | 7 . .
. 3 . | . . 8 | . . .
5 . . | . . . | . 1 .
------+-------+------
. . . | . . . | 9 4 .
. 2 . | 4 . 9 | 8 . 1
6 . . | . 4 . | 2 . .
```

HARD - 217

6					7		8	9
				4				
4		8				7		1
3					2	1		
					4		7	
		1	5	6				
	5	2		3			4	7
1	4			2				
	7		6					

HARD - 218

	2			9			3	8
	5				7			
3		6			5		1	
			3	4	9			
2							5	
	3	7	8			4		
				1			7	
								3
			6			2		4

HARD - 219

	5							9
	7		2			5		
1		6				7		3
		9	4	7		6		
7						3		2
	4			6				
			7		8			
	2	5	6				8	
	9			5		2		

HARD - 220

8						5	9	
		1	7					
	3							8
			4	6				
	6		3	8	7		1	
5		7						
4				2		7		
3		5			4			6
			5				4	9

HARD - 221

9		4					5	
1		5	7				2	3
				9	5			
4	1			3				7
	7						6	8
5						1		
8		1		4				
	4		5			3		
		6						8

HARD - 222

6		8				7		
		4		6	1		5	8
	2		4					1
			7			2		9
4	8	7					6	
5		6	1					
9						1	2	4
				3			9	

HARD - 223

2	5		4	3		7		
					5	2		
3							8	
							3	9
	2					5		6
	6			8				
4		8	3	9		6		7
			7	6				
						4		

HARD - 224

					2	6		
	6						7	3
9						5	4	
	6	2			1			
		1		5				
7			8				5	
		7	3			9		2
				1	8	7		5
					7		3	4

HARD - 225

		6	5			9		1
9				3			2	4
2	1							
5		3				2		
			3		8		5	
		2			9	3		
	9		2	8				
			6			4	8	
	6				5			

HARD - 226

		6	5			7	9	
7				8	1			
						3		5
1			7					3
6	3				4	1		8
		4		3	5			
		2	8				7	
	6							
			3		2			9

HARD - 227

4						8		
		7			9			
		2	3				7	
	9		1	3		2		
		1						4
			7	6				
		9	2			7		6
3			8			4		
		2			7	3	8	

HARD - 228

	2			4				
			5	9				3
6			2			5		
8							4	6
			3			2		
3			8	7			1	5
	5	6	9			8		2
	9			3			6	

HARD - 229

```
. 9 5 | . . . | 1 . .
4 8 . | . . . | . . .
1 . . | 8 3 6 | . . .
------+-------+------
. 7 . | . . . | . 4 .
. . 6 | 5 7 . | . . .
2 4 . | . . . | 8 7 .
------+-------+------
. 6 . | . 1 . | . . .
7 . . | . . . | . 5 .
. . . | 2 9 . | 7 1 .
```

HARD - 230

```
2 . . | . . . | . . 3
. 7 . | 9 . . | 1 2 4
. . 8 | . . 3 | . . 9
------+-------+------
4 2 3 | . 5 . | . . .
. . . | . 9 . | 7 . .
9 . . | . . 8 | 2 4 5
------+-------+------
1 . . | . . . | 8 9 .
. . 6 | . . 4 | . . .
. . . | 8 . . | . . .
```

HARD - 231

```
. . . | 9 . . | . . .
6 . 7 | . 8 . | 5 1 .
. . . | . . . | 6 . .
------+-------+------
. 9 1 | . . 6 | . 3 4
. . 3 | . 5 1 | . . .
8 6 . | . 4 . | 1 . .
------+-------+------
3 . 9 | . . . | . . 7
4 . 5 | . 9 . | . . 1
. . . | . 8 . | . . .
```

HARD - 232

```
. 9 1 | 2 8 6 | . . 3
3 6 . | . . . | . . 2
. . 2 | . 4 . | . . .
------+-------+------
1 8 . | . 2 . | 7 . .
7 . . | 8 . . | 9 . .
2 . 3 | . . . | . 1 .
------+-------+------
5 . . | 9 . . | . 8 1
. 7 . | . . . | 6 . .
. . . | . . . | . . .
```

HARD - 233

```
9 . . | 4 . . | . . .
5 . . | . 2 . | . . 9
. . 3 | . . . | 7 . .
------+-------+------
. 4 . | 1 . . | 8 . .
. . . | 2 . . | . . .
. . 6 | 4 5 7 | . . .
------+-------+------
. 8 . | . 1 4 | 9 . .
. 2 . | 3 6 . | . . 4
. . . | 8 2 . | 7 . 3
```

HARD - 234

```
. . 7 | 4 . . | . 5 .
. 8 . | . . 6 | . . .
6 . 9 | 7 5 . | . 8 .
------+-------+------
4 7 8 | . . . | . . .
. 3 . | . . . | . . .
. . . | . . . | . . 9
------+-------+------
. . 2 | . 3 . | 1 . .
. 5 2 | . 4 . | 3 . .
. 6 . | . 7 . | . . 8
```

HARD - 235

					5	2		
	9		1					
	4	3		7		6	5	
8					7			
9		4	8	5	6			
		5			1		8	
7		1				9		
						4	3	
		8	2					

HARD - 236

8		3		7			2	
			6				7	
	1	6	9		8			
6							9	3
		2			9			
			8			4		
	2				3			
		5					8	
9				1	5	3		6

HARD - 237

5					1		9	
		9	8					
		1		9			3	8
			5	7		6		
	8		3	1			2	
6						7		
	9			4				
	5				2			
2				3	9			

HARD - 238

3	8	4	9					
7			3			5		2
					3		2	
4			6	1	5	8		7
				2				3
						6	5	8
1						2		
5	2	7			4			

HARD - 239

6	3		2					8
			6	4		7		
			9				4	
8		1			9	5		
						8		
5		3			1	4		
4		9					3	
		7	2			1		
	5							

HARD - 240

			7	5		9		
	4			9		7	2	
	9			3				5
6			9	4			3	
					1	2		9
5						6		
		1			6			2
	2					1		
						3	4	7

HARD - 241

```
. 7 . | 9 . 4 | 3 . 1
. . . | . 1 . | . . 5
9 . . | 5 . . | . 7 .
------+-------+------
. 8 . | . . . | 3 . .
. . . | 2 7 . | 8 . .
. 6 . | . . . | 1 . .
------+-------+------
. . 4 | . 6 . | 7 . .
. . 9 | . . 3 | . . .
. . 3 | 1 . 9 | . . 2
```

HARD - 242

```
5 . 7 | . . . | 8 . .
. 8 . | 1 . . | . . 5
. 6 . | . 7 8 | 1 . .
------+-------+------
. 7 . | 4 . . | . . 3
. 2 9 | . 1 6 | 4 . .
. . . | . . . | . 6 .
------+-------+------
1 . . | . 2 . | 3 . .
. . . | . . 9 | . 2 8
. . . | . . . | . . .
```

HARD - 243

```
4 . . | 3 9 . | . 7 .
. 5 6 | . . 4 | . . 1
. 7 . | . . . | 6 . .
------+-------+------
. . 7 | 6 . . | . . 8
. . . | 1 . . | . . .
8 . . | . . . | 7 1 .
------+-------+------
. . . | 2 . 7 | 3 . .
. 1 . | 4 . . | . . 2
. 6 . | 5 . . | . . .
```

HARD - 244

```
4 . . | . . 7 | 8 . .
. . 9 | . . 8 | . . .
. . 6 | 4 . . | . 3 .
------+-------+------
. . . | 2 . 4 | . . 5
. . . | 6 . . | . . .
5 2 . | . . 1 | . . 8
------+-------+------
7 . . | . . . | . . .
6 . . | 5 . 2 | . 9 .
. 5 . | . 3 . | 4 6 .
```

HARD - 245

```
. 3 6 | . . . | . 5 4
5 . . | . . 8 | . 9 1
1 . . | . . . | . . .
------+-------+------
. . 2 | . 7 . | 5 . .
8 1 . | . 3 . | 2 . .
. . . | . . 9 | . . .
------+-------+------
. . . | 5 . 6 | . . .
. . 5 | . . 1 | 9 3 .
7 9 . | . . . | . . 1
```

HARD - 246

```
. . 4 | . 3 1 | . . .
. . . | . 2 . | 8 . .
. . . | 5 7 . | . . .
------+-------+------
. . 6 | . . . | . . 5
4 7 5 | . . . | . . .
. . . | . . . | 9 1 .
------+-------+------
. . . | . . . | . 5 8
. 8 . | . 1 6 | . 7 .
. 1 9 | 8 . . | . 3 4
```

44

HARD - 247

```
. 3 . | 6 8 4 | . . .
. 9 2 | 5 . . | 7 . .
1 . . | . . 7 | . . .
------+-------+------
9 . . | . . . | . . 5
. . . | 7 . . | . 4 2
. 4 6 | . . . | 9 . .
------+-------+------
6 . . | . 1 . | 3 5 .
. 7 . | . . . | . . 9
. . 5 | . . . | . . 8
```

HARD - 248

```
. . . | . . . | . . .
. 3 4 | . 7 . | 6 8 .
8 . 6 | 2 . 5 | . . 9
------+-------+------
. . 2 | . . . | 8 . .
. . . | 5 4 7 | . . .
. . . | 1 . . | 8 . .
------+-------+------
7 . 3 | . . . | . 2 .
. . 8 | . 5 . | . . .
. 4 1 | . . . | 9 6 5
```

HARD - 249

```
. . 1 | 3 . . | . . .
9 . . | . . . | . . 3
. . 3 | . . . | 4 . 7
------+-------+------
. 9 . | 6 . . | 8 . .
4 . . | 9 . . | 2 . .
. . . | 4 2 8 | 6 . .
------+-------+------
. . 8 | . . 9 | . . .
3 6 4 | . 1 . | . 8 .
2 . . | . 6 . | . . 4
```

HARD - 250

```
. . . | . . 5 | . 8 .
. . . | 6 1 . | 3 2 .
. . 8 | . 4 . | . . 5
------+-------+------
. . 2 | 7 . . | . 6 .
. 6 . | 9 . 2 | 8 . .
8 . 4 | . . . | 5 . .
------+-------+------
1 . 9 | . 2 . | . . 6
7 . . | 6 . 3 | . . .
. . . | 1 . . | . . .
```

HARD - 251

```
. 7 . | 9 . 6 | 3 . .
5 . 8 | . . . | . . .
. . . | 8 . . | . 6 1
------+-------+------
. 3 . | 6 . . | 4 . 7
1 . . | . . . | 5 . .
. . . | 8 4 . | . . .
------+-------+------
. . . | 5 3 . | . . .
6 . 9 | . 8 . | 7 . .
. . . | . . . | 5 4 .
```

HARD - 252

```
. . . | 3 . 6 | . 8 .
9 . . | 8 . 5 | . . .
. . 5 | 4 . 2 | . . .
------+-------+------
. 6 . | . . . | 2 . .
7 . . | . . . | . 3 .
. . . | . . . | 7 . 6
------+-------+------
4 2 . | 6 . 1 | . . .
5 . 3 | . . 4 | . . 9
. 7 . | 2 5 . | . . .
```

HARD - 253

```
. . 8 | . 1 . | . . .
. . 6 | 9 2 5 | . . .
1 5 . | . . . | 2 . .
------+-------+------
5 . . | . 4 . | 8 3 .
6 . . | 3 . . | . . 2
. 8 . | . . . | . . .
------+-------+------
. . . | 2 . . | 6 . .
9 . . | . . . | 5 . 1
. 7 . | . 5 1 | 4 . 8
```

HARD - 254

```
. . . | . . . | 8 . 4
. 1 . | . 5 4 | . . .
6 . . | . . . | 9 5 .
------+-------+------
2 9 4 | . . . | . . 7
. 3 . | 8 . . | . . 1
. . . | . 7 . | . . .
------+-------+------
. 6 . | . . 1 | . 2 5
. . 2 | 6 . 9 | . . .
. 1 . | 4 . 5 | . . 8
```

HARD - 255

```
5 9 . | . 7 . | . . .
. . 2 | 4 8 . | . . 5
. . 3 | . . . | . . .
------+-------+------
. 1 . | . 9 8 | . 2 .
2 . 9 | 3 . . | . . .
. . . | . 5 . | . . .
------+-------+------
. . . | . . 7 | 1 8 .
8 2 . | . 5 . | 6 7 .
. 3 . | . 4 . | 2 . .
```

HARD - 256

```
. . . | 3 . . | 8 . .
. 5 6 | . . . | 4 . .
. 1 2 | . . . | . . .
------+-------+------
. 5 3 | . . . | . . .
. 7 . | 8 . 3 | . . 6
9 . . | . . 4 | 3 7 1
------+-------+------
. . 9 | . . 2 | 1 . .
. . . | 7 . . | . . 8
4 . 6 | . . . | 9 . .
```

HARD - 257

```
. 7 1 | . 9 . | 4 . .
. 8 . | . . . | . . .
. . . | 2 1 7 | . 6 .
------+-------+------
. 3 . | . . . | . . 5
2 . 4 | . . 6 | . . 1
5 . . | 8 . . | 2 . .
------+-------+------
. . . | . . . | . . .
. . . | 6 . . | 9 1 5
. 5 . | . 2 . | 3 . .
```

HARD - 258

```
. . 4 | . . 5 | 6 . .
. 6 . | 2 4 . | 1 . .
8 5 2 | . . . | . 7 .
------+-------+------
. . . | 8 1 2 | . . .
. 9 . | . . . | . . .
. . . | . . 9 | . . .
------+-------+------
3 . . | . . . | 9 4 2
. 8 . | . 3 1 | . . .
. 4 . | . . . | . 1 .
```

HARD - 259

```
. 6 . | . 4 . | . . 5
3 . . | . . . | . . 1
. . . | . 7 1 | 8 . .
------+-------+------
8 7 6 | 4 . . | 9 . .
5 . . | . 8 . | . . .
. 3 9 | . 5 . | . . .
------+-------+------
. 8 . | . 3 . | 4 . .
9 . . | 5 . . | . . .
4 . . | . 6 2 | . . .
```

HARD - 260

```
. 3 . | 5 . . | 4 . .
. . 8 | . . 6 | . . 3
. . 6 | 4 . 7 | . 5 .
------+-------+------
. . 7 | . 9 . | . . .
. . 8 | . . 2 | 5 . .
9 4 . | . . . | . 1 .
------+-------+------
. . 2 | . 5 . | . . .
. . 1 | 5 . . | 9 7 6
. . 7 | . . . | . . .
```

HARD - 261

```
. . 6 | 5 . . | . . .
9 . . | . 8 . | . . .
. . . | 3 7 5 | . . .
------+-------+------
. . . | . 4 . | 8 . .
. . . | 6 . . | . . 1
3 4 . | 1 . . | . . .
------+-------+------
. . 2 | 5 . . | 9 6 .
. . 9 | 1 3 . | 2 . .
. . 1 | 2 . . | 4 . .
```

HARD - 262

```
. . . | 3 2 . | 7 . .
9 . . | 6 . . | 2 . .
. . 1 | 8 . . | . 9 .
------+-------+------
. 2 . | 1 4 8 | 7 . .
. 3 . | . 9 5 | . . .
5 . . | . . . | . . .
------+-------+------
. . 8 | . . . | . 3 .
. 5 . | . . . | 6 4 .
. . . | 4 2 . | . 1 .
```

HARD - 263

```
. . . | 2 5 . | . . 4
2 1 . | . 7 . | 5 . .
5 . . | 9 . . | 6 . 2
------+-------+------
. . . | . . . | . . .
1 . 7 | . . . | . . 8
. 6 . | . 1 . | . 9 .
------+-------+------
. . . | . 2 . | 4 . .
. 2 . | 6 8 . | . . 1
8 7 . | . 5 . | . 6 .
```

HARD - 264

```
6 2 . | . . . | . . 4
7 . 9 | . 2 5 | 6 . .
. . . | . 9 . | . . .
------+-------+------
. . . | 3 5 . | . . 9
. . . | 8 7 . | . . .
8 6 3 | 2 . . | . . .
------+-------+------
4 . . | . . . | . . 2
. 5 6 | 1 . . | . . 3
. . 2 | . 8 . | . 9 .
```

HARD - 265

```
7 4 2 | 8 . . | 3 . .
. . . | 5 . . | 4 . .
5 . . | 3 1 . | . . .
------+-------+------
. . . | . . . | . 3 .
. 7 . | . . . | . . .
. 1 . | 2 3 . | 6 4 .
------+-------+------
4 . . | 6 . 8 | 7 . .
. . . | . . . | . 2 1
9 . . | . . 5 | . . .
```

HARD - 266

```
. . . | 6 5 . | . 1 9
. . . | . . . | . . 7
. 7 9 | . . 1 | 4 . .
------+-------+------
. 3 8 | . . . | . . .
9 . . | . 4 . | 1 8 .
4 . . | . 8 . | 5 . .
------+-------+------
8 . . | 5 . . | . 9 6
. . . | . . . | 7 . .
5 9 7 | . . . | . 3 .
```

HARD - 267

```
8 . 6 | . . . | . . .
. . . | 3 . . | . 1 .
1 3 2 | . . . | . . 7
------+-------+------
. 4 . | . . . | 7 . .
. 8 1 | 5 . 6 | . . .
. . . | 4 . . | 8 3 .
------+-------+------
7 . 5 | 8 . . | 9 . .
. . . | . . 9 | . . 4
. 9 . | . 5 1 | . . .
```

HARD - 268

```
. 6 1 | 9 . 2 | . . .
7 . . | 5 . 6 | . . .
. . . | . . . | . . .
------+-------+------
. . . | . . . | . 3 8
1 4 9 | . 8 . | . 7 2
. 3 . | . . . | 1 . .
------+-------+------
8 . . | 3 5 . | . 9 .
2 . 4 | . 7 . | . . 5
```

HARD - 269

```
4 . . | 6 . . | 3 . .
. . . | . . . | . 9 4
9 1 8 | . . . | . . 7
------+-------+------
. 9 . | . 6 5 | . . .
. . 2 | . . . | 5 4 .
. 3 6 | 4 . 1 | . . .
------+-------+------
. . 7 | . . . | 2 . .
. . . | . . . | . . .
6 . . | . 2 3 | . 8 .
```

HARD - 270

```
6 . . | 7 . . | 2 3 .
. 9 . | . . 6 | . . .
. 1 . | . . . | . . 4
------+-------+------
. . . | . . 7 | . . .
. . . | . . . | 1 6 .
5 . 3 | 1 6 . | 8 9 .
------+-------+------
. 5 . | . 9 2 | . . 6
. 4 . | . . . | . 8 .
. . 6 | 5 . . | 7 . .
```

HARD - 271

	5	2	1				6	
8	6		5					
4				8			7	
1		3			7			6
						4		
5		7	3				8	
				3			2	
2		4		1				
						9		1

HARD - 272

		1						5
6	2		1	7				
	7		6					8
				1		9	5	
2		9						
	6					3	2	
			3	8				
	9		2					
	3			7		8	2	

HARD - 273

	7					4	1	
			4	1		5		
			6	3		8		
		6				9		
4	2							
3	8				6			
		3	2		1			4
7			9	4				5
		4				7	9	

HARD - 274

	1				8	7		6
					3			2
3	9			4		8		
4			1					
				6			7	
8						6		
2	6	5	9	7			3	
				5			2	7

HARD - 275

	9	2			1	3	4	7
	7							2
				9		1	5	
			3			7		
	5			4	6			
3						8		
	8		4					3
		1	2	6				
		5	9			6		

HARD - 276

	1		3			5		
		7	2			8	9	
					4			2
			8		9			
	5	2						6
8	3		6			4		
		5				6		
		6					7	4
		4		2		9		

HARD - 277

						9		8
7			2			6	1	
				6	4			
9	4					8	3	
6			9	8			7	
	8				5			
		4		3				2
			5			1	8	
					6			7

HARD - 278

2			8	4				9
			2				8	
						2		5
8		3		9	2		4	1
	6		3					
			4					
				9		7		4
7							9	6
9	8			7		5		

HARD - 279

			6	1			3	
	1				7		8	
8								4
		7				5		
	2							
			7	9	6		2	
	8		4	7			1	
	5		2			4		3
		1				8		

HARD - 280

		4	1			2	3	
			1	5				9
	6				2			
	9				1	6		
	7			3		2		
	3	8				5		1
	8					9	3	
	3		7					
				8	9			

HARD - 281

2							4	
	6			8		7		
		7	5	4				
		3			1			8
	1			7	8			
7	2			5				
	3					9		
6		5		2	9			7
						4	3	

HARD - 282

		7			5		1	
		8			7	2	6	4
			9					
		1			9			7
6		9	8					
			2					6
		2				4	9	
7			8	2				3
3				6				

HARD - 283

```
. . . | . . 6 | . . .
1 . . | 9 5 . | 8 2 .
. . . | 2 1 . | . . 6
------+-------+------
. 3 . | 4 . . | . 6 .
. . . | . 2 . | . 4 5
5 . . | . . . | . . .
------+-------+------
9 1 . | . 8 . | . . 4
. . . | 9 . 4 | . 5 .
. . . | 1 . . | 3 . 8
```

HARD - 284

```
3 . . | . 5 . | . . .
. . . | . 2 . | . . 6
. . 1 | . 9 . | . . 7
------+-------+------
6 . . | . . . | . 1 5
. 5 . | . . 2 | . 7 .
. 3 9 | . . . | . . .
------+-------+------
. . . | 4 1 5 | . . .
. 4 . | . 6 9 | 5 . .
. . . | . . 3 | . 8 4
```

HARD - 285

```
. 9 . | . . 3 | . . .
3 . . | 7 . . | 8 . .
1 2 . | . . . | . . .
------+-------+------
. . . | 7 . 2 | . . .
6 . . | 2 . 1 | . . .
8 . . | 3 . 5 | . . .
------+-------+------
. 8 1 | . . . | . . 9
. . . | . 4 8 | . 3 1
. . 3 | 2 . . | . 4 .
```

HARD - 286

```
. 5 . | . . 6 | 8 . .
. . . | . . . | 3 2 .
2 . . | . 4 . | 1 . .
------+-------+------
. 2 . | 9 . . | . . .
. . . | 2 1 . | . . 6
. . 7 | . . . | . 4 .
------+-------+------
. 8 6 | . . . | 4 5 .
. . . | . . . | . . 9
9 4 1 | . . 3 | . . 2
```

HARD - 287

```
. . . | . . 1 | . . .
. 6 . | 2 8 7 | . . .
. 8 . | 9 . . | . . 2
------+-------+------
. . . | . 3 . | . . .
9 5 . | 1 . . | 8 7 .
. 2 . | . . . | 1 . .
------+-------+------
. . 8 | . . 6 | . . 9
. . 5 | 7 4 . | . . 8
. 1 . | . . . | 2 . .
```

HARD - 288

```
. 6 . | . . . | 2 . .
7 . . | 8 4 2 | . . .
. . . | . . 7 | . . 9
------+-------+------
8 . . | . . 9 | . . 5
. . 6 | . . 4 | 1 . .
1 . . | . . . | . . .
------+-------+------
. . 2 | 9 . . | 5 4 .
6 . . | . 5 . | . 1 .
4 . . | . . 6 | 3 . .
```

51

HARD - 289

		9	8			3		
	2							
	6		7	1	9			
								3
		3				4	2	
	8		9					7
4		2				6	7	
		1		6		9		
			3	7	2	5		4

HARD - 290

	6		5					
	3						1	8
				1	3		7	9
	1			5	4			
3								
5				9			4	
	8	6	2	7				
	7	1						
2		3				1	7	

HARD - 291

4	8		7					2
1		5					3	
		6				7		
	4		6	7			8	5
	3			5	8			
					1	9		
	5						2	3
		7		3				8

HARD - 292

	5		3					6
6							4	
		8	4		2			
					5	9		
9	4	6			7			
		5		1		6	2	
	3		9			1		
2	9					8		4
								9

HARD - 293

	6	5				4		1
		1		7				
					8	6		
		2				8	5	
5						2		
6			2					9
1	4			9				
				5	7	2		
			8				4	6

HARD - 294

	4	2					9	
	5					1		8
5			2					
3			6				4	
	9				7	8		1
7			3	6		2		
			9		4			
		4	8			9		3

52

HARD - 295

	5	8	3				9	2
2								
6			2				1	5
		6		4				
			6				4	
					7	3		8
		2		6				7
	3					6		
			1	7			2	

HARD - 296

			1		7			9
	9			4	2			
		1	5				4	2
5						6		
		3	7	8				
2	4	9				1		7
	5	8		1				
				6		9		1
				2				

HARD - 297

		9		6			8	
6			5	3				1
			2	9				
	6			2			3	
2			6	8				
					1			8
	7	2			6	9	5	3
	3		8	7			2	

HARD - 298

1				7	3			
6	9				4			
				2		8		
3	2	7			6			
5					7			9
9		4				7	3	
		1		5			6	
7				1		5		
				3			8	

HARD - 299

		2		1				6
	9			6				
			2					
			9					
9	3	4			2	8		
				5		6	4	
3						2	8	
4		1				3		
	5	9				8		4

HARD - 300

		1						
	4		8					6
								9
			8	4				3
6		8		9		7	5	
	5		1		7	9		
7	6		9		2			
1				3				
		3				5	2	

SOLUTIONS

HARD - 1

9	4	6	1	7	5	2	3	8
5	3	7	6	2	8	1	9	4
2	1	8	4	3	9	7	6	5
7	8	3	2	1	4	9	5	6
4	2	5	3	9	6	8	1	7
1	6	9	8	5	7	4	2	3
8	9	4	5	6	1	3	7	2
6	7	2	9	8	3	5	4	1
3	5	1	7	4	2	6	8	9

HARD - 2

9	7	8	3	2	4	5	1	6
2	6	5	9	1	8	4	7	3
4	3	1	7	6	5	9	8	2
5	9	3	6	4	7	1	2	8
1	2	6	5	8	9	7	3	4
8	4	7	1	3	2	6	5	9
7	1	4	8	9	3	2	6	5
6	8	2	4	5	1	3	9	7
3	5	9	2	7	6	8	4	1

HARD - 3

1	6	8	9	4	2	7	3	5
2	5	3	8	6	7	9	1	4
7	4	9	1	3	5	2	6	8
5	3	7	2	8	4	1	9	6
9	8	1	3	5	6	4	2	7
6	2	4	7	9	1	8	5	3
4	1	6	5	2	8	3	7	9
3	7	5	4	1	9	6	8	2
8	9	2	6	7	3	5	4	1

HARD - 4

8	5	4	6	2	7	3	9	1
2	7	6	1	3	9	5	8	4
9	1	3	8	5	4	2	6	7
1	3	7	4	8	6	9	2	5
4	6	8	2	9	5	7	1	3
5	9	2	3	7	1	8	4	6
7	8	1	5	6	2	4	3	9
3	4	5	9	1	8	6	7	2
6	2	9	7	4	3	1	5	8

HARD - 5

3	9	8	2	6	5	4	7	1
2	5	1	4	8	7	9	3	6
7	4	6	9	3	1	8	2	5
6	3	2	8	4	9	1	5	7
5	1	9	3	7	2	6	4	8
8	7	4	5	1	6	3	9	2
1	6	3	7	5	4	2	8	9
4	2	5	6	9	8	7	1	3
9	8	7	1	2	3	5	6	4

HARD - 6

5	4	6	9	8	1	2	7	3
2	8	7	5	4	3	1	9	6
1	3	9	7	2	6	8	5	4
8	9	4	3	7	2	5	6	1
3	6	1	8	9	5	4	2	7
7	5	2	1	6	4	9	3	8
4	2	3	6	1	9	7	8	5
9	7	5	4	3	8	6	1	2
6	1	8	2	5	7	3	4	9

HARD - 7

8	2	5	4	1	7	9	3	6
6	9	1	2	3	8	4	5	7
3	4	7	6	5	9	1	2	8
1	6	8	7	9	3	2	4	5
5	7	4	1	6	2	8	9	3
9	3	2	5	8	4	6	7	1
2	5	6	3	4	1	7	8	9
4	8	3	9	7	6	5	1	2
7	1	9	8	2	5	3	6	4

HARD - 8

9	5	8	1	4	7	6	3	2
7	3	2	8	9	6	1	5	4
1	4	6	2	3	5	9	8	7
3	7	1	9	8	4	2	6	5
2	9	5	6	1	3	7	4	8
8	6	4	7	5	2	3	1	9
6	8	3	5	7	9	4	2	1
4	1	9	3	2	8	5	7	6
5	2	7	4	6	1	8	9	3

HARD - 9

1	7	4	8	2	3	6	5	9
9	6	2	7	1	5	4	3	8
3	8	5	4	9	6	2	7	1
8	5	9	3	6	4	1	2	7
4	3	1	2	7	8	9	6	5
6	2	7	9	5	1	3	8	4
5	9	3	1	8	2	7	4	6
2	1	8	6	4	7	5	9	3
7	4	6	5	3	9	8	1	2

HARD - 10

9	5	3	1	4	7	8	2	6
8	7	6	3	2	5	4	9	1
2	1	4	8	9	6	3	5	7
5	3	8	2	1	9	6	7	4
7	9	2	6	3	4	1	8	5
4	6	1	7	5	8	2	3	9
6	4	9	5	8	3	7	1	2
3	2	5	4	7	1	9	6	8
1	8	7	9	6	2	5	4	3

HARD - 11

7	8	5	9	3	4	2	6	1
9	1	4	6	8	2	7	3	5
3	6	2	5	1	7	8	9	4
5	3	6	2	7	9	4	1	8
8	9	1	3	4	5	6	7	2
4	2	7	8	6	1	9	5	3
6	5	3	7	2	8	1	4	9
2	4	9	1	5	6	3	8	7
1	7	8	4	9	3	5	2	6

HARD - 12

1	2	3	6	5	4	7	8	9
4	6	9	1	7	8	2	5	3
5	8	7	9	2	3	1	6	4
6	3	5	8	1	7	4	9	2
8	9	4	5	3	2	6	1	7
2	7	1	4	9	6	5	3	8
9	4	6	7	8	1	3	2	5
7	5	2	3	6	9	8	4	1
3	1	8	2	4	5	9	7	6

HARD - 13

6	5	8	2	4	3	7	9	1
7	3	1	8	6	9	5	4	2
9	2	4	7	5	1	8	3	6
1	6	2	5	7	4	9	8	3
5	8	7	3	9	6	2	1	4
4	9	3	1	8	2	6	7	5
8	7	6	4	1	5	3	2	9
3	1	9	6	2	7	4	5	8
2	4	5	9	3	8	1	6	7

HARD - 14

7	2	9	3	5	4	8	1	6
8	4	3	7	1	6	5	9	2
1	5	6	9	2	8	4	7	3
6	3	2	8	4	1	7	5	9
9	1	4	6	7	5	3	2	8
5	7	8	2	9	3	6	4	1
3	9	5	4	6	2	1	8	7
2	6	1	5	8	7	9	3	4
4	8	7	1	3	9	2	6	5

HARD - 15

7	3	5	8	4	2	6	9	1
4	8	1	7	9	6	3	2	5
9	6	2	3	5	1	8	4	7
2	4	8	1	3	9	5	7	6
3	1	9	6	7	5	2	8	4
5	7	6	2	8	4	9	1	3
1	9	3	5	2	7	4	6	8
6	5	4	9	1	8	7	3	2
8	2	7	4	6	3	1	5	9

HARD - 16

6	3	2	4	8	7	5	9	1
7	1	9	2	6	5	4	8	3
8	5	4	1	3	9	7	6	2
1	4	3	8	2	6	9	5	7
2	6	5	9	7	3	8	1	4
9	8	7	5	4	1	3	2	6
5	9	6	7	1	4	2	3	8
4	2	1	3	5	8	6	7	9
3	7	8	6	9	2	1	4	5

HARD - 17

2	5	8	1	6	3	7	4	9
6	7	4	9	5	2	1	8	3
9	3	1	4	8	7	5	2	6
4	1	9	6	2	5	3	7	8
8	6	7	3	1	4	2	9	5
3	2	5	8	7	9	4	6	1
7	8	3	2	9	1	6	5	4
5	4	6	7	3	8	9	1	2
1	9	2	5	4	6	8	3	7

HARD - 18

7	2	8	3	9	4	1	5	6
4	3	6	1	8	5	2	7	9
5	9	1	6	7	2	4	3	8
3	4	7	9	2	1	6	8	5
6	5	9	8	4	3	7	2	1
1	8	2	7	5	6	9	4	3
8	6	4	2	3	9	5	1	7
9	7	5	4	1	8	3	6	2
2	1	3	5	6	7	8	9	4

HARD - 19

3	1	2	6	4	7	5	8	9
7	4	8	3	5	9	2	6	1
6	5	9	2	8	1	7	4	3
5	7	3	1	6	2	4	9	8
4	2	1	7	9	8	6	3	5
8	9	6	5	3	4	1	7	2
1	6	7	9	2	3	8	5	4
9	8	5	4	1	6	3	2	7
2	3	4	8	7	5	9	1	6

HARD - 20

2	9	5	4	3	8	7	1	6
3	1	8	6	7	2	9	4	5
4	7	6	1	9	5	8	3	2
9	8	1	7	5	4	2	6	3
6	2	4	3	1	9	5	7	8
7	5	3	2	8	6	4	9	1
8	4	2	9	6	1	3	5	7
1	3	9	5	2	7	6	8	4
5	6	7	8	4	3	1	2	9

HARD - 21

8	4	3	1	9	7	6	5	2
2	6	9	5	4	3	7	8	1
7	1	5	8	2	6	3	4	9
1	8	2	9	6	4	5	3	7
3	7	6	2	8	5	9	1	4
9	5	4	3	7	1	8	2	6
6	3	8	7	1	2	4	9	5
4	9	1	6	5	8	2	7	3
5	2	7	4	3	9	1	6	8

HARD - 22

8	1	7	6	9	2	5	3	4
4	5	6	7	3	1	8	2	9
9	2	3	4	5	8	6	1	7
5	3	4	9	6	7	2	8	1
6	8	2	3	1	4	9	7	5
1	7	9	8	2	5	3	4	6
7	4	5	2	8	9	1	6	3
3	9	8	1	7	6	4	5	2
2	6	1	5	4	3	7	9	8

HARD - 23

1	6	5	7	2	8	4	3	9
9	8	3	5	1	4	7	2	6
2	7	4	6	3	9	5	8	1
5	1	6	2	7	3	8	9	4
7	9	2	8	4	1	6	5	3
3	4	8	9	5	6	2	1	7
6	5	1	3	8	7	9	4	2
4	2	7	1	9	5	3	6	8
8	3	9	4	6	2	1	7	5

HARD - 24

4	9	8	7	5	2	3	1	6
5	2	3	9	6	1	8	7	4
6	1	7	8	3	4	9	2	5
2	3	5	1	9	6	4	8	7
9	6	1	4	7	8	5	3	2
7	8	4	5	2	3	1	6	9
8	7	9	6	1	5	2	4	3
3	4	6	2	8	9	7	5	1
1	5	2	3	4	7	6	9	8

HARD - 25

5	6	3	4	9	8	1	2	7
7	2	8	6	3	1	5	4	9
4	9	1	7	5	2	8	6	3
1	8	9	3	7	4	2	5	6
2	7	6	8	1	5	9	3	4
3	5	4	9	2	6	7	1	8
6	1	7	5	4	9	3	8	2
9	4	2	1	8	3	6	7	5
8	3	5	2	6	7	4	9	1

HARD - 26

1	5	7	4	3	2	6	9	8
9	2	3	1	8	6	5	7	4
6	4	8	9	7	5	2	3	1
7	8	5	3	2	9	4	1	6
2	9	1	7	6	4	3	8	5
4	3	6	8	5	1	9	2	7
5	7	2	6	9	8	1	4	3
3	6	4	2	1	7	8	5	9
8	1	9	5	4	3	7	6	2

HARD - 27

8	9	1	4	2	7	5	3	6
6	7	5	1	3	8	4	2	9
4	3	2	6	9	5	8	1	7
9	5	4	2	1	3	6	7	8
2	6	7	8	5	9	1	4	3
1	8	3	7	4	6	9	5	2
5	4	6	3	8	2	7	9	1
3	1	8	9	7	4	2	6	5
7	2	9	5	6	1	3	8	4

HARD - 28

5	4	6	9	2	7	1	8	3
1	7	2	8	4	3	9	5	6
9	3	8	5	6	1	4	2	7
7	8	5	4	9	2	6	3	1
2	6	3	1	7	8	5	4	9
4	9	1	3	5	6	2	7	8
3	2	9	7	1	4	8	6	5
6	5	7	2	8	9	3	1	4
8	1	4	6	3	5	7	9	2

HARD - 29

7	2	9	8	4	5	3	1	6
5	3	1	9	6	2	4	7	8
6	4	8	7	1	3	2	9	5
2	6	5	3	8	9	1	4	7
8	9	4	1	7	6	5	2	3
1	7	3	2	5	4	8	6	9
3	8	6	4	2	7	9	5	1
4	1	7	5	9	8	6	3	2
9	5	2	6	3	1	7	8	4

HARD - 30

9	2	5	6	7	4	1	3	8
3	6	4	2	8	1	7	9	5
8	1	7	5	3	9	4	6	2
2	5	6	1	9	8	3	7	4
4	3	1	7	5	6	8	2	9
7	8	9	3	4	2	6	5	1
5	9	8	4	6	7	2	1	3
6	4	2	9	1	3	5	8	7
1	7	3	8	2	5	9	4	6

HARD - 31

5	3	2	7	1	6	9	4	8
6	4	8	5	3	9	1	7	2
7	1	9	4	2	8	3	6	5
3	6	5	8	9	4	2	1	7
2	7	4	6	5	1	8	3	9
9	8	1	2	7	3	6	5	4
1	5	3	9	4	2	7	8	6
8	9	7	1	6	5	4	2	3
4	2	6	3	8	7	5	9	1

HARD - 32

9	1	7	8	2	5	3	6	4
6	2	3	7	1	4	8	9	5
4	8	5	3	6	9	2	7	1
7	4	8	1	9	6	5	2	3
5	3	9	2	4	8	6	1	7
1	6	2	5	7	3	9	4	8
3	7	4	9	8	2	1	5	6
8	9	6	4	5	1	7	3	2
2	5	1	6	3	7	4	8	9

HARD - 33

7	8	2	5	9	4	3	6	1
5	1	4	7	6	3	9	8	2
6	9	3	2	1	8	5	4	7
4	2	8	6	3	9	1	7	5
9	5	7	1	8	2	4	3	6
3	6	1	4	7	5	8	2	9
2	3	9	8	5	7	6	1	4
8	4	6	9	2	1	7	5	3
1	7	5	3	4	6	2	9	8

HARD - 34

2	6	9	3	1	7	5	8	4
8	5	4	2	9	6	7	3	1
7	3	1	8	5	4	6	9	2
3	1	7	9	2	5	8	4	6
9	2	6	1	4	8	3	7	5
4	8	5	7	6	3	2	1	9
6	4	8	5	7	1	9	2	3
1	9	3	6	8	2	4	5	7
5	7	2	4	3	9	1	6	8

HARD - 35

7	6	1	2	8	3	5	4	9
8	9	2	5	6	4	3	7	1
5	3	4	9	1	7	6	2	8
2	5	7	8	4	1	9	3	6
4	1	3	7	9	6	2	8	5
9	8	6	3	5	2	4	1	7
3	2	8	6	7	5	1	9	4
6	4	9	1	2	8	7	5	3
1	7	5	4	3	9	8	6	2

HARD - 36

4	3	7	1	6	9	2	5	8
6	1	9	2	5	8	3	7	4
8	2	5	7	3	4	1	6	9
7	8	4	5	9	2	6	1	3
5	9	1	6	7	3	8	4	2
2	6	3	4	8	1	5	9	7
1	7	2	3	4	5	9	8	6
9	5	6	8	2	7	4	3	1
3	4	8	9	1	6	7	2	5

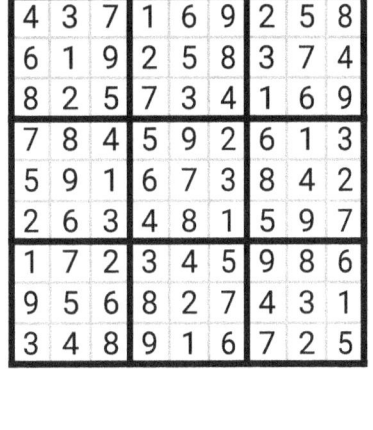

HARD - 37

8	2	7	4	3	1	5	6	9
5	3	4	9	6	2	7	8	1
9	1	6	7	5	8	4	2	3
2	5	9	3	7	6	1	4	8
1	4	8	2	9	5	6	3	7
6	7	3	1	8	4	9	5	2
7	6	1	8	4	3	2	9	5
3	9	5	6	2	7	8	1	4
4	8	2	5	1	9	3	7	6

HARD - 38

1	2	8	7	5	3	4	6	9
6	4	5	9	2	8	1	7	3
3	7	9	1	6	4	8	2	5
5	3	4	2	7	9	6	8	1
8	1	2	6	3	5	7	9	4
9	6	7	8	4	1	5	3	2
2	9	6	4	1	7	3	5	8
4	8	3	5	9	6	2	1	7
7	5	1	3	8	2	9	4	6

HARD - 39

3	4	1	7	2	8	9	6	5
2	9	5	6	3	1	7	8	4
6	7	8	5	9	4	3	2	1
4	8	3	9	7	2	1	5	6
9	5	6	8	1	3	4	7	2
7	1	2	4	5	6	8	3	9
5	2	7	3	4	9	6	1	8
1	6	4	2	8	7	5	9	3
8	3	9	1	6	5	2	4	7

HARD - 40

5	4	3	9	7	1	8	6	2
8	6	9	2	3	5	7	4	1
1	2	7	4	6	8	5	3	9
2	1	6	7	9	4	3	8	5
9	3	5	1	8	6	4	2	7
4	7	8	3	5	2	9	1	6
3	8	1	5	2	7	6	9	4
7	9	2	6	4	3	1	5	8
6	5	4	8	1	9	2	7	3

HARD - 41

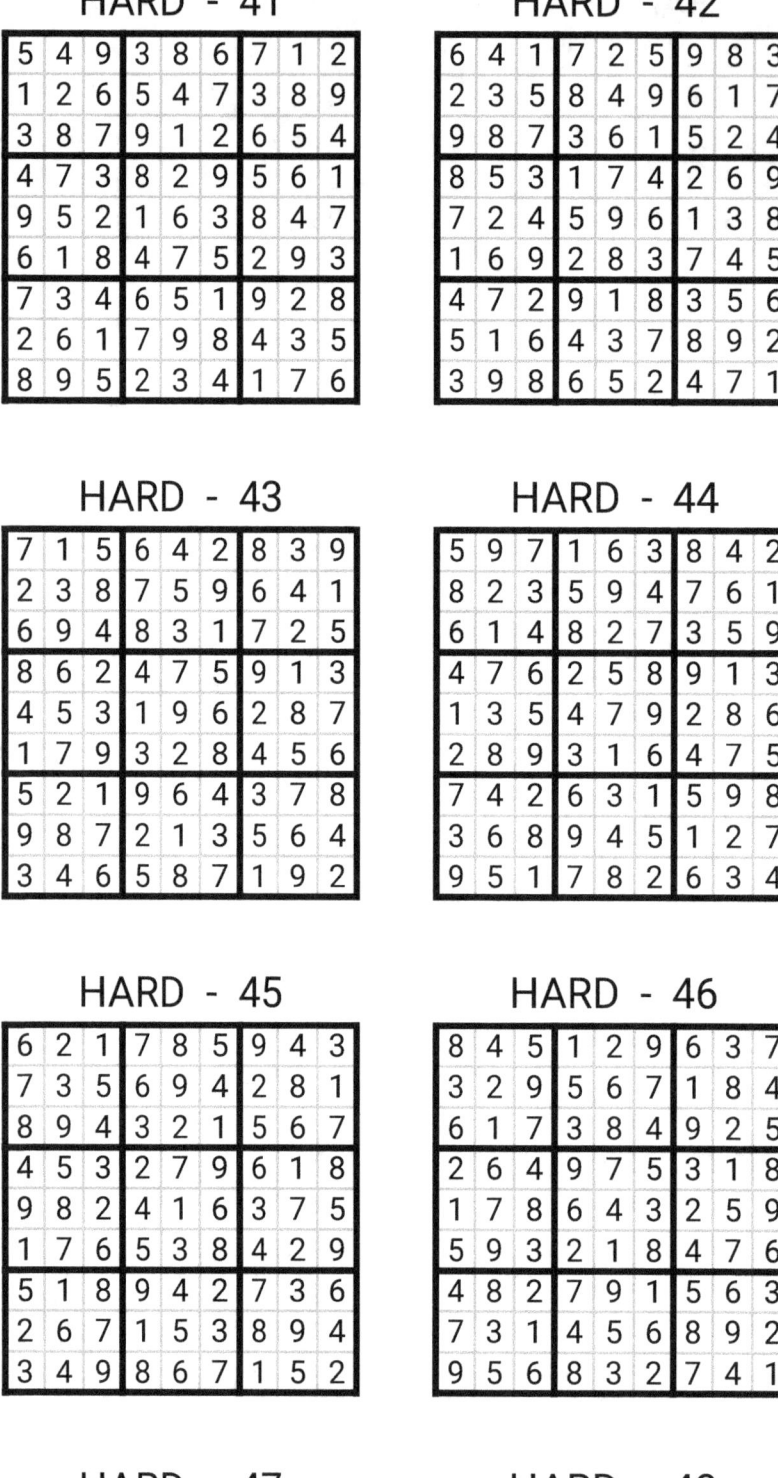

5	4	9	3	8	6	7	1	2
1	2	6	5	4	7	3	8	9
3	8	7	9	1	2	6	5	4
4	7	3	8	2	9	5	6	1
9	5	2	1	6	3	8	4	7
6	1	8	4	7	5	2	9	3
7	3	4	6	5	1	9	2	8
2	6	1	7	9	8	4	3	5
8	9	5	2	3	4	1	7	6

HARD - 42

6	4	1	7	2	5	9	8	3
2	3	5	8	4	9	6	1	7
9	8	7	3	6	1	5	2	4
8	5	3	1	7	4	2	6	9
7	2	4	5	9	6	1	3	8
1	6	9	2	8	3	7	4	5
4	7	2	9	1	8	3	5	6
5	1	6	4	3	7	8	9	2
3	9	8	6	5	2	4	7	1

HARD - 43

7	1	5	6	4	2	8	3	9
2	3	8	7	5	9	6	4	1
6	9	4	8	3	1	7	2	5
8	6	2	4	7	5	9	1	3
4	5	3	1	9	6	2	8	7
1	7	9	3	2	8	4	5	6
5	2	1	9	6	4	3	7	8
9	8	7	2	1	3	5	6	4
3	4	6	5	8	7	1	9	2

HARD - 44

5	9	7	1	6	3	8	4	2
8	2	3	5	9	4	7	6	1
6	1	4	8	2	7	3	5	9
4	7	6	2	5	8	9	1	3
1	3	5	4	7	9	2	8	6
2	8	9	3	1	6	4	7	5
7	4	2	6	3	1	5	9	8
3	6	8	9	4	5	1	2	7
9	5	1	7	8	2	6	3	4

HARD - 45

6	2	1	7	8	5	9	4	3
7	3	5	6	9	4	2	8	1
8	9	4	3	2	1	5	6	7
4	5	3	2	7	9	6	1	8
9	8	2	4	1	6	3	7	5
1	7	6	5	3	8	4	2	9
5	1	8	9	4	2	7	3	6
2	6	7	1	5	3	8	9	4
3	4	9	8	6	7	1	5	2

HARD - 46

8	4	5	1	2	9	6	3	7
3	2	9	5	6	7	1	8	4
6	1	7	3	8	4	9	2	5
2	6	4	9	7	5	3	1	8
1	7	8	6	4	3	2	5	9
5	9	3	2	1	8	4	7	6
4	8	2	7	9	1	5	6	3
7	3	1	4	5	6	8	9	2
9	5	6	8	3	2	7	4	1

HARD - 47

6	7	2	8	3	4	9	5	1
4	3	5	1	6	9	7	2	8
8	9	1	2	5	7	4	6	3
3	8	9	6	2	5	1	7	4
2	4	7	3	9	1	6	8	5
5	1	6	4	7	8	3	9	2
7	5	8	9	1	3	2	4	6
9	6	3	5	4	2	8	1	7
1	2	4	7	8	6	5	3	9

HARD - 48

8	6	9	3	2	4	1	5	7
3	5	7	9	8	1	2	6	4
1	4	2	7	5	6	8	9	3
4	1	8	2	9	7	6	3	5
6	2	3	5	4	8	9	7	1
9	7	5	1	6	3	4	8	2
5	9	4	6	3	2	7	1	8
7	8	6	4	1	5	3	2	9
2	3	1	8	7	9	5	4	6

HARD - 49

4	8	1	6	9	7	5	2	3
6	9	2	1	3	5	8	7	4
3	5	7	2	4	8	6	1	9
9	4	6	8	7	2	1	3	5
2	1	3	4	5	6	9	8	7
8	7	5	3	1	9	4	6	2
5	3	8	7	6	4	2	9	1
1	6	9	5	2	3	7	4	8
7	2	4	9	8	1	3	5	6

HARD - 50

9	4	2	8	1	7	5	6	3
7	1	8	5	3	6	9	2	4
6	5	3	4	9	2	7	8	1
1	3	5	2	6	8	4	9	7
2	7	4	9	5	3	8	1	6
8	9	6	1	7	4	2	3	5
3	6	9	7	8	5	1	4	2
5	2	1	6	4	9	3	7	8
4	8	7	3	2	1	6	5	9

HARD - 51

4	5	3	9	1	7	6	8	2
2	7	1	4	6	8	9	3	5
6	9	8	5	3	2	7	1	4
8	1	7	6	9	4	2	5	3
5	6	9	2	8	3	4	7	1
3	4	2	7	5	1	8	9	6
9	8	5	3	4	6	1	2	7
7	3	4	1	2	9	5	6	8
1	2	6	8	7	5	3	4	9

HARD - 52

4	9	2	5	3	8	6	7	1
6	7	1	2	4	9	3	8	5
8	3	5	6	1	7	2	4	9
9	5	8	3	2	1	4	6	7
7	2	6	9	5	4	1	3	8
3	1	4	7	8	6	5	9	2
1	8	7	4	6	2	9	5	3
5	6	9	1	7	3	8	2	4
2	4	3	8	9	5	7	1	6

HARD - 53

7	1	8	3	9	4	6	5	2
3	5	6	2	7	1	9	8	4
2	4	9	8	6	5	7	3	1
5	9	1	4	8	6	2	7	3
4	2	7	5	1	3	8	6	9
6	8	3	9	2	7	4	1	5
1	6	2	7	3	9	5	4	8
8	3	5	6	4	2	1	9	7
9	7	4	1	5	8	3	2	6

HARD - 54

7	9	3	2	8	5	6	1	4
4	2	8	3	1	6	7	9	5
6	1	5	9	7	4	8	2	3
5	4	9	7	6	3	2	8	1
1	3	6	5	2	8	4	7	9
8	7	2	1	4	9	5	3	6
3	5	4	8	9	7	1	6	2
2	6	7	4	3	1	9	5	8
9	8	1	6	5	2	3	4	7

HARD - 55

7	1	2	9	6	8	5	3	4
8	5	9	7	3	4	1	6	2
4	6	3	2	1	5	8	9	7
2	9	5	6	8	3	4	7	1
6	8	1	4	5	7	9	2	3
3	7	4	1	9	2	6	5	8
1	2	8	5	7	6	3	4	9
5	3	7	8	4	9	2	1	6
9	4	6	3	2	1	7	8	5

HARD - 56

5	7	2	6	1	3	8	4	9
8	9	1	7	4	5	2	3	6
4	3	6	9	8	2	5	7	1
2	5	8	1	9	4	7	6	3
9	4	7	5	3	6	1	2	8
1	6	3	8	2	7	9	5	4
3	8	5	2	6	9	4	1	7
7	1	4	3	5	8	6	9	2
6	2	9	4	7	1	3	8	5

HARD - 57

4	9	1	6	5	3	7	8	2
5	6	2	7	8	9	3	4	1
7	8	3	2	1	4	6	5	9
2	3	5	1	7	6	8	9	4
8	4	6	5	9	2	1	7	3
9	1	7	4	3	8	2	6	5
3	5	9	8	2	7	4	1	6
6	2	8	9	4	1	5	3	7
1	7	4	3	6	5	9	2	8

HARD - 58

7	9	1	4	8	5	2	6	3
5	2	4	9	3	6	8	1	7
3	8	6	1	2	7	5	4	9
1	5	2	3	6	4	9	7	8
8	6	7	5	1	9	4	3	2
4	3	9	8	7	2	6	5	1
2	1	3	6	4	8	7	9	5
9	4	8	7	5	3	1	2	6
6	7	5	2	9	1	3	8	4

HARD - 59

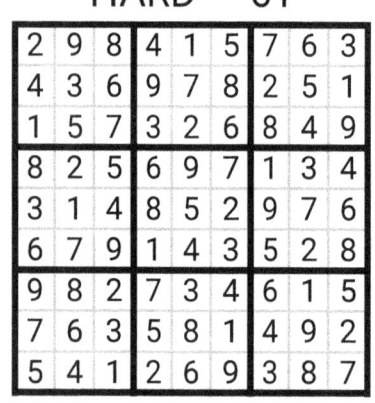

9	5	2	6	1	3	7	8	4
7	1	4	2	5	8	9	6	3
8	3	6	9	4	7	5	2	1
1	9	8	5	2	4	3	7	6
6	7	5	8	3	1	4	9	2
4	2	3	7	6	9	8	1	5
5	4	9	1	8	2	6	3	7
2	6	7	3	9	5	1	4	8
3	8	1	4	7	6	2	5	9

HARD - 60

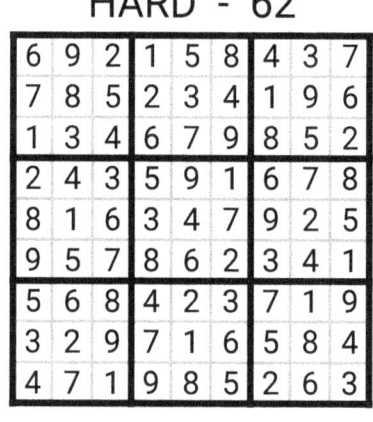

6	7	8	4	3	5	1	2	9
9	3	5	7	2	1	8	6	4
1	4	2	8	6	9	5	7	3
7	5	1	2	4	3	6	9	8
2	9	3	5	8	6	7	4	1
4	8	6	1	9	7	2	3	5
5	6	9	3	1	2	4	8	7
8	2	7	9	5	4	3	1	6
3	1	4	6	7	8	9	5	2

HARD - 61

2	9	8	4	1	5	7	6	3
4	3	6	9	7	8	2	5	1
1	5	7	3	2	6	8	4	9
8	2	5	6	9	7	1	3	4
3	1	4	8	5	2	9	7	6
6	7	9	1	4	3	5	2	8
9	8	2	7	3	4	6	1	5
7	6	3	5	8	1	4	9	2
5	4	1	2	6	9	3	8	7

HARD - 62

6	9	2	1	5	8	4	3	7
7	8	5	2	3	4	1	9	6
1	3	4	6	7	9	8	5	2
2	4	3	5	9	1	6	7	8
8	1	6	3	4	7	9	2	5
9	5	7	8	6	2	3	4	1
5	6	8	4	2	3	7	1	9
3	2	9	7	1	6	5	8	4
4	7	1	9	8	5	2	6	3

HARD - 63

9	1	5	4	3	7	6	8	2
3	8	6	9	2	5	7	4	1
4	7	2	8	1	6	9	5	3
8	9	3	7	5	1	2	6	4
1	5	7	2	6	4	3	9	8
6	2	4	3	9	8	1	7	5
7	6	8	1	4	3	5	2	9
5	3	9	6	8	2	4	1	7
2	4	1	5	7	9	8	3	6

HARD - 64

6	4	2	5	7	8	1	9	3
8	7	9	4	3	1	5	2	6
3	1	5	2	6	9	8	4	7
9	8	7	6	1	4	2	3	5
2	6	1	7	5	3	4	8	9
5	3	4	8	9	2	7	6	1
7	2	6	9	4	5	3	1	8
1	5	8	3	2	6	9	7	4
4	9	3	1	8	7	6	5	2

HARD - 65

6	5	1	3	7	9	2	4	8
8	4	7	1	2	6	3	5	9
2	3	9	8	5	4	1	7	6
1	2	6	4	8	7	9	3	5
3	9	4	5	6	1	8	2	7
7	8	5	9	3	2	4	6	1
4	7	8	6	9	3	5	1	2
9	6	3	2	1	5	7	8	4
5	1	2	7	4	8	6	9	3

HARD - 66

1	3	2	4	9	6	5	7	8
7	9	6	3	8	5	4	1	2
4	5	8	2	7	1	3	9	6
9	6	3	5	1	8	2	4	7
2	8	1	7	4	9	6	5	3
5	4	7	6	2	3	9	8	1
6	1	5	8	3	4	7	2	9
8	2	4	9	6	7	1	3	5
3	7	9	1	5	2	8	6	4

HARD - 67

7	9	6	4	1	5	3	8	2
5	2	8	3	7	6	4	9	1
4	3	1	9	8	2	5	6	7
1	7	5	6	9	3	8	2	4
3	4	2	8	5	1	6	7	9
8	6	9	7	2	4	1	3	5
6	8	7	5	4	9	2	1	3
9	1	4	2	3	8	7	5	6
2	5	3	1	6	7	9	4	8

HARD - 68

6	1	4	8	5	9	7	2	3
8	3	9	2	4	7	1	5	6
5	2	7	1	3	6	9	4	8
3	5	1	7	8	4	6	9	2
2	7	6	5	9	3	8	1	4
4	9	8	6	1	2	5	3	7
9	4	5	3	7	8	2	6	1
7	6	3	9	2	1	4	8	5
1	8	2	4	6	5	3	7	9

HARD - 69

8	9	4	6	3	7	5	2	1
2	1	7	8	9	5	4	6	3
3	5	6	1	4	2	8	7	9
9	7	3	2	1	8	6	5	4
6	8	1	7	5	4	9	3	2
4	2	5	3	6	9	7	1	8
1	6	9	5	8	3	2	4	7
5	4	2	9	7	1	3	8	6
7	3	8	4	2	6	1	9	5

HARD - 70

4	5	9	8	1	7	2	3	6
3	1	6	4	2	9	8	5	7
7	2	8	3	5	6	4	9	1
2	7	4	6	8	5	3	1	9
8	9	1	7	3	2	5	6	4
6	3	5	1	9	4	7	8	2
9	8	7	2	6	3	1	4	5
1	6	2	5	4	8	9	7	3
5	4	3	9	7	1	6	2	8

HARD - 71

7	4	3	2	9	8	1	6	5
2	1	8	7	5	6	3	9	4
6	9	5	1	4	3	2	7	8
5	8	7	9	2	4	6	3	1
1	3	9	5	6	7	4	8	2
4	2	6	3	8	1	9	5	7
3	7	2	6	1	5	8	4	9
9	6	4	8	7	2	5	1	3
8	5	1	4	3	9	7	2	6

HARD - 72

2	6	7	8	5	3	9	1	4
5	3	4	6	1	9	2	8	7
1	9	8	7	4	2	5	6	3
7	1	5	2	3	8	4	9	6
8	4	6	5	9	1	7	3	2
3	2	9	4	7	6	8	5	1
6	8	1	9	2	7	3	4	5
9	5	2	3	6	4	1	7	8
4	7	3	1	8	5	6	2	9

HARD - 73

```
7 4 5 | 9 1 6 | 8 3 2
6 2 9 | 7 8 3 | 5 4 1
3 1 8 | 5 4 2 | 7 9 6
------+-------+------
5 6 1 | 4 7 9 | 2 8 3
4 7 2 | 1 3 8 | 9 6 5
9 8 3 | 2 6 5 | 1 7 4
------+-------+------
2 5 4 | 6 9 7 | 3 1 8
8 9 6 | 3 5 1 | 4 2 7
1 3 7 | 8 2 4 | 6 5 9
```

HARD - 74

```
8 5 3 | 9 6 2 | 1 4 7
7 4 9 | 1 8 3 | 6 2 5
1 6 2 | 5 7 4 | 3 9 8
------+-------+------
3 7 5 | 8 1 9 | 2 6 4
6 2 8 | 3 4 7 | 9 5 1
9 1 4 | 6 2 5 | 8 7 3
------+-------+------
2 9 1 | 4 5 8 | 7 3 6
4 8 7 | 2 3 6 | 5 1 9
5 3 6 | 7 9 1 | 4 8 2
```

HARD - 75

```
4 8 5 | 9 6 1 | 3 2 7
1 7 2 | 8 5 3 | 6 4 9
6 3 9 | 4 7 2 | 1 5 8
------+-------+------
8 5 4 | 6 9 7 | 2 3 1
7 6 1 | 2 3 8 | 5 9 4
2 9 3 | 1 4 5 | 7 8 6
------+-------+------
5 4 6 | 7 2 9 | 8 1 3
9 2 8 | 3 1 6 | 4 7 5
3 1 7 | 5 8 4 | 9 6 2
```

HARD - 76

```
7 9 6 | 5 4 1 | 2 8 3
1 5 2 | 8 3 7 | 4 9 6
3 8 4 | 2 9 6 | 7 5 1
------+-------+------
2 1 5 | 9 6 3 | 8 4 7
8 3 7 | 1 5 4 | 9 6 2
4 6 9 | 7 2 8 | 1 3 5
------+-------+------
5 4 8 | 3 1 2 | 6 7 9
9 7 1 | 6 8 5 | 3 2 4
6 2 3 | 4 7 9 | 5 1 8
```

HARD - 77

```
2 8 5 | 6 3 7 | 1 9 4
3 6 1 | 5 9 4 | 7 8 2
4 7 9 | 2 1 8 | 5 6 3
------+-------+------
5 1 8 | 4 7 3 | 9 2 6
9 4 7 | 1 6 2 | 8 3 5
6 3 2 | 8 5 9 | 4 1 7
------+-------+------
7 2 3 | 9 4 1 | 6 5 8
1 5 4 | 3 8 6 | 2 7 9
8 9 6 | 7 2 5 | 3 4 1
```

HARD - 78

```
2 7 9 | 5 6 8 | 3 1 4
4 3 6 | 1 7 2 | 8 5 9
8 1 5 | 4 3 9 | 7 2 6
------+-------+------
6 8 3 | 2 5 1 | 9 4 7
9 2 4 | 6 8 7 | 1 3 5
1 5 7 | 9 4 3 | 6 8 2
------+-------+------
5 9 1 | 8 2 6 | 4 7 3
7 4 8 | 3 9 5 | 2 6 1
3 6 2 | 7 1 4 | 5 9 8
```

HARD - 79

```
4 3 2 | 1 8 7 | 6 5 9
9 1 8 | 2 5 6 | 3 4 7
6 7 5 | 4 3 9 | 8 2 1
------+-------+------
3 5 6 | 9 4 1 | 7 8 2
2 8 9 | 6 7 5 | 4 1 3
7 4 1 | 3 2 8 | 9 6 5
------+-------+------
1 6 4 | 7 9 2 | 5 3 8
5 2 7 | 8 6 3 | 1 9 4
8 9 3 | 5 1 4 | 2 7 6
```

HARD - 80

```
4 3 5 | 6 7 1 | 8 2 9
1 2 6 | 3 9 8 | 7 4 5
8 9 7 | 4 5 2 | 3 6 1
------+-------+------
2 8 4 | 7 1 3 | 9 5 6
6 1 3 | 9 4 5 | 2 7 8
5 7 9 | 8 2 6 | 1 3 4
------+-------+------
7 5 2 | 1 6 9 | 4 8 3
9 6 8 | 2 3 4 | 5 1 7
3 4 1 | 5 8 7 | 6 9 2
```

HARD - 81

6	9	7	8	2	4	1	5	3
2	4	8	3	1	5	9	6	7
3	1	5	9	6	7	8	2	4
7	8	3	5	9	2	4	1	6
5	2	4	6	7	1	3	8	9
9	6	1	4	3	8	5	7	2
4	7	9	1	5	6	2	3	8
8	5	2	7	4	3	6	9	1
1	3	6	2	8	9	7	4	5

HARD - 82

7	2	1	3	9	4	5	6	8
6	5	4	2	8	7	3	9	1
3	9	8	6	1	5	4	2	7
5	3	7	8	2	6	9	1	4
1	8	9	7	4	3	6	5	2
4	6	2	9	5	1	8	7	3
8	7	5	4	6	2	1	3	9
9	1	3	5	7	8	2	4	6
2	4	6	1	3	9	7	8	5

HARD - 83

3	8	7	4	2	5	9	1	6
6	2	5	1	9	3	4	8	7
4	9	1	6	7	8	3	2	5
1	4	2	3	8	6	7	5	9
5	3	6	7	1	9	8	4	2
9	7	8	2	5	4	1	6	3
7	1	3	8	6	2	5	9	4
2	5	4	9	3	1	6	7	8
8	6	9	5	4	7	2	3	1

HARD - 84

9	4	2	7	3	8	5	1	6
3	8	7	1	5	6	2	9	4
6	1	5	9	4	2	3	8	7
1	3	8	6	7	9	4	5	2
5	6	9	8	2	4	1	7	3
7	2	4	3	1	5	8	6	9
2	5	1	4	9	7	6	3	8
8	7	3	2	6	1	9	4	5
4	9	6	5	8	3	7	2	1

HARD - 85

5	2	9	4	7	3	1	6	8
1	7	3	5	6	8	2	9	4
8	4	6	9	1	2	7	3	5
7	5	8	1	4	6	3	2	9
6	9	4	2	3	5	8	1	7
2	3	1	8	9	7	4	5	6
3	8	5	7	2	9	6	4	1
4	6	7	3	5	1	9	8	2
9	1	2	6	8	4	5	7	3

HARD - 86

2	5	6	7	8	9	3	4	1
9	8	1	2	4	3	5	7	6
3	4	7	6	1	5	9	2	8
6	7	2	9	3	8	4	1	5
1	3	4	5	6	2	7	8	9
5	9	8	1	7	4	6	3	2
7	2	3	8	5	6	1	9	4
8	1	5	4	9	7	2	6	3
4	6	9	3	2	1	8	5	7

HARD - 87

6	9	3	8	7	5	1	2	4
8	2	5	9	1	4	7	3	6
1	4	7	2	3	6	5	8	9
4	6	1	7	2	8	9	5	3
7	5	9	4	6	3	2	1	8
2	3	8	5	9	1	4	6	7
3	8	4	1	5	7	6	9	2
9	1	6	3	4	2	8	7	5
5	7	2	6	8	9	3	4	1

HARD - 88

7	1	8	5	4	3	9	6	2
5	2	3	7	6	9	1	4	8
4	6	9	2	8	1	5	3	7
8	5	1	3	7	4	6	2	9
6	9	7	8	2	5	4	1	3
2	3	4	1	9	6	8	7	5
1	4	5	9	3	7	2	8	6
9	7	2	6	1	8	3	5	4
3	8	6	4	5	2	7	9	1

HARD - 89

7	8	3	2	5	1	6	9	4
2	1	9	4	7	6	5	8	3
4	6	5	3	9	8	1	2	7
6	5	2	9	8	7	4	3	1
8	9	4	6	1	3	7	5	2
3	7	1	5	4	2	9	6	8
9	2	7	8	6	4	3	1	5
5	4	8	1	3	9	2	7	6
1	3	6	7	2	5	8	4	9

HARD - 90

6	3	9	2	8	5	7	1	4
1	4	8	9	6	7	3	5	2
2	5	7	3	4	1	6	8	9
3	6	5	4	1	2	8	9	7
4	8	1	6	7	9	5	2	3
9	7	2	8	5	3	4	6	1
8	2	6	7	9	4	1	3	5
7	1	3	5	2	8	9	4	6
5	9	4	1	3	6	2	7	8

HARD - 91

6	1	4	8	3	2	5	9	7
5	7	9	4	6	1	8	2	3
3	2	8	9	7	5	4	6	1
9	8	3	7	4	6	2	1	5
2	5	6	1	8	3	7	4	9
7	4	1	5	2	9	3	8	6
8	6	7	3	9	4	1	5	2
4	9	5	2	1	7	6	3	8
1	3	2	6	5	8	9	7	4

HARD - 92

3	2	6	8	1	5	7	4	9
9	1	8	2	4	7	6	3	5
4	5	7	3	6	9	8	1	2
8	4	3	9	5	1	2	7	6
2	9	1	6	7	8	3	5	4
6	7	5	4	3	2	1	9	8
7	3	4	5	8	6	9	2	1
1	6	9	7	2	4	5	8	3
5	8	2	1	9	3	4	6	7

HARD - 93

9	7	3	8	1	2	6	4	5
2	8	1	6	5	4	9	3	7
4	6	5	7	3	9	8	1	2
5	4	7	2	8	3	1	6	9
3	2	6	1	9	7	5	8	4
8	1	9	5	4	6	7	2	3
1	3	8	9	2	5	4	7	6
6	5	4	3	7	1	2	9	8
7	9	2	4	6	8	3	5	1

HARD - 94

9	1	6	3	4	8	2	7	5
5	8	2	9	6	7	1	4	3
7	3	4	5	2	1	9	8	6
6	2	3	7	8	9	4	5	1
1	9	8	4	3	5	6	2	7
4	7	5	2	1	6	3	9	8
3	6	7	8	9	4	5	1	2
8	4	1	6	5	2	7	3	9
2	5	9	1	7	3	8	6	4

HARD - 95

4	7	3	6	2	9	5	8	1
1	2	9	4	5	8	3	6	7
5	6	8	3	7	1	2	9	4
2	5	6	7	3	4	8	1	9
3	9	1	2	8	6	7	4	5
8	4	7	9	1	5	6	2	3
7	8	4	5	9	2	1	3	6
9	3	2	1	6	7	4	5	8
6	1	5	8	4	3	9	7	2

HARD - 96

5	1	2	6	3	7	8	4	9
6	7	4	5	8	9	2	1	3
9	8	3	2	4	1	5	6	7
4	3	7	1	5	2	9	8	6
2	6	9	4	7	8	1	3	5
1	5	8	9	6	3	7	2	4
7	2	5	3	1	4	6	9	8
8	4	1	7	9	6	3	5	2
3	9	6	8	2	5	4	7	1

HARD - 97

2	4	9	6	8	5	3	7	1
1	8	7	4	9	3	2	5	6
5	3	6	1	2	7	4	8	9
9	7	2	3	5	4	6	1	8
8	5	3	2	1	6	7	9	4
6	1	4	9	7	8	5	3	2
3	9	8	7	4	2	1	6	5
4	6	1	5	3	9	8	2	7
7	2	5	8	6	1	9	4	3

HARD - 98

7	8	6	4	2	5	1	3	9
3	9	2	6	8	1	7	5	4
1	5	4	7	3	9	2	8	6
8	7	5	2	9	3	6	4	1
2	1	3	5	6	4	8	9	7
4	6	9	1	7	8	3	2	5
9	2	1	3	5	6	4	7	8
6	3	8	9	4	7	5	1	2
5	4	7	8	1	2	9	6	3

HARD - 99

2	4	5	8	1	6	9	3	7
1	6	8	9	3	7	5	4	2
7	3	9	4	2	5	8	1	6
9	8	7	6	4	3	1	2	5
5	2	6	1	7	9	4	8	3
4	1	3	5	8	2	6	7	9
8	5	2	3	9	4	7	6	1
6	7	4	2	5	1	3	9	8
3	9	1	7	6	8	2	5	4

HARD - 100

6	5	7	1	4	8	3	9	2
4	9	1	5	3	2	6	7	8
8	3	2	9	6	7	4	5	1
1	2	9	7	5	4	8	6	3
7	6	5	8	2	3	1	4	9
3	4	8	6	9	1	7	2	5
2	8	6	4	1	5	9	3	7
9	7	3	2	8	6	5	1	4
5	1	4	3	7	9	2	8	6

HARD - 101

3	1	6	8	4	9	2	5	7
9	7	2	6	5	3	1	8	4
4	8	5	7	1	2	6	3	9
7	2	9	5	8	1	3	4	6
1	3	8	2	6	4	7	9	5
5	6	4	3	9	7	8	2	1
6	5	3	4	7	8	9	1	2
2	9	7	1	3	5	4	6	8
8	4	1	9	2	6	5	7	3

HARD - 102

7	6	1	2	9	5	4	3	8
9	2	4	1	8	3	6	7	5
3	5	8	7	4	6	2	1	9
4	1	2	6	7	8	9	5	3
8	3	7	5	2	9	1	6	4
5	9	6	4	3	1	7	8	2
2	8	9	3	1	7	5	4	6
6	7	3	9	5	4	8	2	1
1	4	5	8	6	2	3	9	7

HARD - 103

7	8	2	5	4	1	9	3	6
3	9	4	6	7	2	5	1	8
5	6	1	8	3	9	7	4	2
4	3	6	1	5	7	2	8	9
1	5	7	9	2	8	4	6	3
9	2	8	3	6	4	1	5	7
6	4	9	7	8	5	3	2	1
8	7	5	2	1	3	6	9	4
2	1	3	4	9	6	8	7	5

HARD - 104

5	3	9	2	8	7	4	6	1
1	6	4	9	3	5	8	2	7
7	2	8	6	4	1	5	3	9
6	9	3	5	2	4	7	1	8
4	7	1	3	6	8	9	5	2
8	5	2	1	7	9	3	4	6
9	1	6	7	5	3	2	8	4
3	8	7	4	1	2	6	9	5
2	4	5	8	9	6	1	7	3

HARD - 105

7	2	9	4	3	8	5	1	6
6	5	1	2	7	9	8	4	3
8	4	3	6	5	1	7	9	2
4	1	2	3	6	5	9	8	7
5	7	8	1	9	2	3	6	4
9	3	6	7	8	4	2	5	1
1	6	5	8	2	7	4	3	9
3	8	7	9	4	6	1	2	5
2	9	4	5	1	3	6	7	8

HARD - 106

2	5	7	1	8	9	3	6	4
3	4	8	6	7	5	2	1	9
6	9	1	4	3	2	7	5	8
5	7	9	2	6	8	4	3	1
8	3	4	5	1	7	6	9	2
1	2	6	3	9	4	8	7	5
9	6	2	8	5	3	1	4	7
4	1	5	7	2	6	9	8	3
7	8	3	9	4	1	5	2	6

HARD - 107

5	4	3	9	2	1	7	8	6
8	6	2	7	5	3	4	9	1
9	1	7	6	4	8	5	3	2
4	7	8	2	6	9	3	1	5
6	5	9	1	3	7	8	2	4
2	3	1	5	8	4	9	6	7
1	9	5	8	7	2	6	4	3
3	8	6	4	1	5	2	7	9
7	2	4	3	9	6	1	5	8

HARD - 108

9	1	6	7	2	3	5	8	4
4	2	5	1	6	8	3	7	9
8	3	7	5	4	9	6	1	2
5	8	9	3	7	6	4	2	1
7	4	1	2	8	5	9	3	6
3	6	2	9	1	4	8	5	7
1	9	3	6	5	2	7	4	8
2	5	4	8	9	7	1	6	3
6	7	8	4	3	1	2	9	5

HARD - 109

2	7	1	5	6	4	9	8	3
3	8	5	1	9	2	6	7	4
6	9	4	8	3	7	1	5	2
7	5	2	4	8	9	3	1	6
1	4	9	3	7	6	8	2	5
8	3	6	2	5	1	4	9	7
5	6	8	9	2	3	7	4	1
9	1	7	6	4	5	2	3	8
4	2	3	7	1	8	5	6	9

HARD - 110

4	1	3	9	8	5	7	6	2
5	8	7	6	3	2	4	1	9
6	9	2	4	1	7	5	8	3
8	7	1	3	5	6	2	9	4
9	4	5	8	2	1	3	7	6
2	3	6	7	9	4	1	5	8
3	6	4	5	7	8	9	2	1
7	2	9	1	6	3	8	4	5
1	5	8	2	4	9	6	3	7

HARD - 111

2	3	4	1	5	6	8	9	7
8	9	6	7	2	4	1	3	5
1	5	7	3	9	8	2	4	6
3	6	8	9	7	2	4	5	1
5	2	1	6	4	3	7	8	9
7	4	9	5	8	1	6	2	3
9	1	2	4	3	7	5	6	8
4	7	5	8	6	9	3	1	2
6	8	3	2	1	5	9	7	4

HARD - 112

5	2	3	4	1	8	6	9	7
1	4	9	5	6	7	8	3	2
8	7	6	3	2	9	5	4	1
2	3	5	1	8	4	7	6	9
4	9	7	2	3	6	1	5	8
6	1	8	9	7	5	4	2	3
9	6	2	8	5	1	3	7	4
3	5	1	7	4	2	9	8	6
7	8	4	6	9	3	2	1	5

HARD - 113

3	7	1	2	4	6	8	5	9
4	8	5	3	9	1	7	6	2
2	9	6	8	5	7	4	3	1
5	6	4	7	2	8	1	9	3
7	3	9	4	1	5	6	2	8
8	1	2	9	6	3	5	4	7
1	2	8	6	3	4	9	7	5
9	4	7	5	8	2	3	1	6
6	5	3	1	7	9	2	8	4

HARD - 114

8	1	2	4	5	6	9	3	7
7	3	4	8	2	9	6	1	5
9	5	6	3	7	1	4	8	2
5	6	1	2	4	8	3	7	9
3	8	9	5	1	7	2	4	6
4	2	7	6	9	3	8	5	1
6	7	3	1	8	2	5	9	4
1	4	8	9	6	5	7	2	3
2	9	5	7	3	4	1	6	8

HARD - 115

8	9	2	3	7	4	1	5	6
5	4	3	1	9	6	2	7	8
7	6	1	5	8	2	9	4	3
4	3	8	9	6	1	7	2	5
2	7	9	4	5	3	8	6	1
6	1	5	8	2	7	3	9	4
3	5	6	2	1	9	4	8	7
1	2	7	6	4	8	5	3	9
9	8	4	7	3	5	6	1	2

HARD - 116

6	4	7	9	1	8	3	5	2
2	3	8	5	4	7	9	1	6
5	1	9	2	6	3	4	7	8
3	8	6	7	2	9	1	4	5
4	9	2	3	5	1	6	8	7
7	5	1	6	8	4	2	9	3
8	7	4	1	3	2	5	6	9
9	2	5	4	7	6	8	3	1
1	6	3	8	9	5	7	2	4

HARD - 117

3	7	9	6	1	8	4	5	2
4	8	2	9	5	7	6	3	1
1	6	5	4	2	3	7	9	8
8	3	7	5	9	6	1	2	4
6	5	4	1	3	2	9	8	7
9	2	1	7	8	4	3	6	5
5	9	8	3	7	1	2	4	6
2	1	6	8	4	9	5	7	3
7	4	3	2	6	5	8	1	9

HARD - 118

1	6	2	9	3	4	7	5	8
4	7	8	2	6	5	9	3	1
9	3	5	7	1	8	4	2	6
2	8	9	1	5	3	6	7	4
3	1	7	4	2	6	8	9	5
5	4	6	8	9	7	2	1	3
8	5	1	6	7	9	3	4	2
6	9	3	5	4	2	1	8	7
7	2	4	3	8	1	5	6	9

HARD - 119

2	6	3	4	7	9	8	5	1
7	5	9	2	1	8	6	4	3
1	8	4	6	5	3	7	9	2
3	9	7	8	6	1	5	2	4
5	2	1	7	9	4	3	6	8
6	4	8	3	2	5	9	1	7
8	3	6	9	4	2	1	7	5
4	7	5	1	8	6	2	3	9
9	1	2	5	3	7	4	8	6

HARD - 120

9	4	2	5	7	3	6	1	8
1	6	5	8	2	9	7	4	3
3	8	7	4	6	1	9	2	5
8	9	3	2	4	6	1	5	7
7	5	4	9	1	8	2	3	6
6	2	1	3	5	7	4	8	9
2	3	8	7	9	4	5	6	1
4	1	9	6	3	5	8	7	2
5	7	6	1	8	2	3	9	4

HARD - 121

1	2	6	3	4	9	5	8	7
5	8	4	1	7	6	9	2	3
7	9	3	5	8	2	1	4	6
3	5	7	9	6	8	2	1	4
6	4	2	7	5	1	8	3	9
8	1	9	4	2	3	6	7	5
2	3	8	6	9	4	7	5	1
4	6	5	2	1	7	3	9	8
9	7	1	8	3	5	4	6	2

HARD - 122

4	2	5	7	6	9	1	8	3
1	8	3	2	4	5	7	6	9
9	7	6	8	3	1	2	4	5
3	6	1	9	5	4	8	2	7
2	5	7	3	8	6	9	1	4
8	4	9	1	2	7	3	5	6
7	9	4	6	1	8	5	3	2
5	1	2	4	7	3	6	9	8
6	3	8	5	9	2	4	7	1

HARD - 123

6	4	5	2	9	3	1	8	7
8	2	3	5	7	1	4	6	9
1	9	7	8	6	4	2	3	5
4	3	1	9	8	5	7	2	6
5	7	2	1	4	6	3	9	8
9	6	8	3	2	7	5	1	4
2	1	4	6	5	9	8	7	3
3	5	6	7	1	8	9	4	2
7	8	9	4	3	2	6	5	1

HARD - 124

4	3	5	7	8	9	2	1	6
6	7	8	2	5	1	3	4	9
2	1	9	6	3	4	8	5	7
7	5	3	4	6	8	1	9	2
8	4	6	9	1	2	5	7	3
9	2	1	5	7	3	4	6	8
5	9	4	3	2	7	6	8	1
3	8	7	1	4	6	9	2	5
1	6	2	8	9	5	7	3	4

HARD - 125

2	5	8	6	3	7	1	4	9
1	3	4	9	5	2	6	7	8
7	9	6	1	8	4	5	2	3
8	6	1	3	2	9	7	5	4
4	7	9	8	1	5	2	3	6
5	2	3	7	4	6	8	9	1
6	1	5	2	9	3	4	8	7
3	8	2	4	7	1	9	6	5
9	4	7	5	6	8	3	1	2

HARD - 126

7	4	3	8	5	6	2	1	9
2	9	8	1	3	7	6	5	4
5	1	6	4	2	9	7	8	3
8	3	1	2	4	5	9	7	6
4	2	7	6	9	1	8	3	5
6	5	9	3	7	8	1	4	2
9	7	2	5	8	4	3	6	1
1	8	5	9	6	3	4	2	7
3	6	4	7	1	2	5	9	8

HARD - 127

3	2	7	8	4	6	1	5	9
5	4	9	2	3	1	7	6	8
6	8	1	7	5	9	2	4	3
9	7	8	3	6	5	4	2	1
2	5	3	1	8	4	6	9	7
4	1	6	9	2	7	8	3	5
1	6	2	5	7	3	9	8	4
7	3	4	6	9	8	5	1	2
8	9	5	4	1	2	3	7	6

HARD - 128

8	1	6	9	5	4	2	7	3
3	9	7	2	6	8	5	1	4
5	4	2	1	7	3	9	8	6
6	7	9	5	2	1	4	3	8
4	8	5	7	3	9	1	6	2
1	2	3	4	8	6	7	5	9
2	6	1	3	9	5	8	4	7
9	3	4	8	1	7	6	2	5
7	5	8	6	4	2	3	9	1

HARD - 129

2	4	7	8	5	3	6	1	9
9	5	1	4	2	6	3	7	8
6	8	3	1	9	7	2	5	4
1	6	9	2	7	4	8	3	5
8	7	4	9	3	5	1	2	6
3	2	5	6	1	8	9	4	7
7	9	6	3	4	1	5	8	2
5	3	2	7	8	9	4	6	1
4	1	8	5	6	2	7	9	3

HARD - 130

6	1	7	9	8	2	3	5	4
5	3	4	7	6	1	9	2	8
8	2	9	5	3	4	7	1	6
3	6	2	1	9	7	4	8	5
7	4	8	2	5	3	6	9	1
9	5	1	6	4	8	2	7	3
2	9	6	3	1	5	8	4	7
4	7	5	8	2	6	1	3	9
1	8	3	4	7	9	5	6	2

HARD - 131

4	1	3	9	6	7	2	5	8
7	9	2	5	1	8	3	4	6
8	6	5	3	4	2	9	1	7
9	5	8	4	7	3	1	6	2
1	3	7	6	2	9	4	8	5
2	4	6	1	8	5	7	9	3
3	8	4	2	5	1	6	7	9
6	7	9	8	3	4	5	2	1
5	2	1	7	9	6	8	3	4

HARD - 132

9	7	3	4	5	8	1	2	6
1	6	2	7	9	3	8	5	4
5	4	8	6	1	2	3	7	9
4	1	5	2	8	9	6	3	7
8	3	9	5	6	7	2	4	1
6	2	7	1	3	4	9	8	5
2	8	4	9	7	6	5	1	3
7	9	1	3	2	5	4	6	8
3	5	6	8	4	1	7	9	2

HARD - 133

9	6	5	4	1	7	8	3	2
4	2	7	8	9	3	5	6	1
3	8	1	2	6	5	4	9	7
5	4	9	1	8	2	6	7	3
6	7	8	3	4	9	1	2	5
1	3	2	7	5	6	9	8	4
2	5	4	9	7	8	3	1	6
7	9	6	5	3	1	2	4	8
8	1	3	6	2	4	7	5	9

HARD - 134

9	1	8	4	6	2	3	5	7
7	2	4	9	3	5	6	8	1
3	6	5	8	1	7	4	9	2
5	8	3	6	7	9	2	1	4
6	7	9	1	2	4	5	3	8
2	4	1	3	5	8	9	7	6
1	3	2	5	8	6	7	4	9
8	9	6	7	4	3	1	2	5
4	5	7	2	9	1	8	6	3

HARD - 135

5	8	6	2	4	1	9	3	7
4	3	9	5	6	7	2	8	1
2	7	1	8	3	9	6	4	5
6	9	3	1	5	8	7	2	4
7	5	2	4	9	3	8	1	6
1	4	8	6	7	2	3	5	9
3	6	4	7	8	5	1	9	2
8	2	7	9	1	4	5	6	3
9	1	5	3	2	6	4	7	8

HARD - 136

2	8	6	4	9	5	7	1	3
9	5	1	7	3	6	4	8	2
3	7	4	8	2	1	9	6	5
6	4	9	2	5	8	1	3	7
7	2	5	1	6	3	8	4	9
8	1	3	9	4	7	5	2	6
5	3	8	6	1	9	2	7	4
1	6	2	5	7	4	3	9	8
4	9	7	3	8	2	6	5	1

HARD - 137

3	4	5	9	7	2	8	6	1
1	7	6	4	5	8	9	3	2
2	9	8	6	1	3	5	7	4
4	3	7	1	9	5	6	2	8
5	2	9	8	6	7	4	1	3
6	8	1	3	2	4	7	5	9
8	6	3	7	4	1	2	9	5
9	1	2	5	8	6	3	4	7
7	5	4	2	3	9	1	8	6

HARD - 138

7	8	1	2	5	6	9	3	4
5	2	9	1	4	3	6	7	8
4	6	3	8	7	9	1	2	5
9	7	6	4	2	5	3	8	1
2	3	4	9	1	8	5	6	7
8	1	5	3	6	7	4	9	2
1	9	2	7	3	4	8	5	6
6	4	8	5	9	2	7	1	3
3	5	7	6	8	1	2	4	9

HARD - 139

9	8	3	7	6	5	2	1	4
1	7	6	8	2	4	9	3	5
5	2	4	1	3	9	6	8	7
6	9	2	3	4	7	1	5	8
7	5	8	2	9	1	4	6	3
3	4	1	5	8	6	7	2	9
2	6	7	9	5	8	3	4	1
4	1	5	6	7	3	8	9	2
8	3	9	4	1	2	5	7	6

HARD - 140

7	5	6	4	9	8	2	1	3
9	4	2	5	1	3	8	6	7
8	3	1	2	6	7	9	4	5
3	7	8	6	4	2	1	5	9
5	2	4	1	8	9	7	3	6
6	1	9	7	3	5	4	8	2
2	9	3	8	5	4	6	7	1
4	6	7	3	2	1	5	9	8
1	8	5	9	7	6	3	2	4

HARD - 141

6	7	3	9	5	1	8	2	4
4	5	9	8	6	2	7	1	3
2	8	1	4	7	3	5	6	9
7	9	5	1	3	4	2	8	6
1	2	8	7	9	6	3	4	5
3	4	6	5	2	8	9	7	1
9	3	2	6	4	7	1	5	8
5	1	4	2	8	9	6	3	7
8	6	7	3	1	5	4	9	2

HARD - 142

4	6	2	8	3	9	5	7	1
3	1	9	7	4	5	2	8	6
5	8	7	2	1	6	3	4	9
7	2	4	3	8	1	6	9	5
9	5	8	6	7	2	1	3	4
1	3	6	9	5	4	7	2	8
8	4	3	1	6	7	9	5	2
2	7	1	5	9	8	4	6	3
6	9	5	4	2	3	8	1	7

HARD - 143

4	2	6	8	3	5	1	9	7
5	7	3	4	9	1	2	8	6
1	9	8	7	6	2	3	5	4
7	3	1	5	4	9	6	2	8
6	4	9	3	2	8	7	1	5
2	8	5	6	1	7	4	3	9
8	5	2	1	7	4	9	6	3
3	1	4	9	5	6	8	7	2
9	6	7	2	8	3	5	4	1

HARD - 144

8	9	7	6	1	5	4	3	2
4	6	1	3	9	2	8	7	5
5	3	2	8	7	4	9	6	1
6	7	8	9	4	1	5	2	3
3	1	4	2	5	8	7	9	6
9	2	5	7	6	3	1	8	4
2	4	6	1	8	7	3	5	9
1	8	9	5	3	6	2	4	7
7	5	3	4	2	9	6	1	8

HARD - 145

9	3	6	7	1	8	5	2	4
2	1	4	3	6	5	7	8	9
8	5	7	9	4	2	6	3	1
4	8	1	2	9	6	3	5	7
3	2	9	5	8	7	1	4	6
6	7	5	1	3	4	2	9	8
7	6	3	4	5	9	8	1	2
5	4	2	8	7	1	9	6	3
1	9	8	6	2	3	4	7	5

HARD - 146

5	8	6	1	2	3	7	4	9
9	4	2	7	6	5	1	8	3
7	3	1	4	9	8	5	2	6
6	2	8	3	7	9	4	1	5
3	1	7	2	5	4	6	9	8
4	9	5	8	1	6	3	7	2
2	5	4	9	3	7	8	6	1
1	7	3	6	8	2	9	5	4
8	6	9	5	4	1	2	3	7

HARD - 147

5	7	3	8	9	6	2	1	4
8	1	9	3	2	4	5	7	6
4	2	6	7	1	5	3	9	8
9	3	2	4	8	1	6	5	7
1	4	5	6	7	3	8	2	9
7	6	8	2	5	9	4	3	1
6	9	1	5	3	8	7	4	2
2	5	4	1	6	7	9	8	3
3	8	7	9	4	2	1	6	5

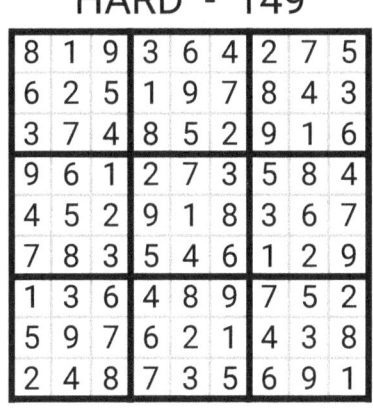

HARD - 148

2	1	6	3	5	8	9	4	7
9	4	7	2	1	6	3	5	8
5	8	3	4	9	7	1	6	2
6	7	1	5	4	3	8	2	9
4	3	2	7	8	9	5	1	6
8	9	5	6	2	1	7	3	4
3	2	9	8	6	5	4	7	1
7	6	8	1	3	4	2	9	5
1	5	4	9	7	2	6	8	3

HARD - 149

8	1	9	3	6	4	2	7	5
6	2	5	1	9	7	8	4	3
3	7	4	8	5	2	9	1	6
9	6	1	2	7	3	5	8	4
4	5	2	9	1	8	3	6	7
7	8	3	5	4	6	1	2	9
1	3	6	4	8	9	7	5	2
5	9	7	6	2	1	4	3	8
2	4	8	7	3	5	6	9	1

HARD - 150

8	7	2	9	5	3	6	1	4
4	3	5	6	8	1	7	2	9
1	9	6	2	7	4	5	3	8
2	6	4	8	3	5	1	9	7
3	8	1	4	9	7	2	5	6
9	5	7	1	6	2	8	4	3
6	1	8	3	2	9	4	7	5
7	4	3	5	1	6	9	8	2
5	2	9	7	4	8	3	6	1

HARD - 151

8	6	9	7	2	1	5	3	4
5	3	4	9	8	6	1	2	7
1	2	7	5	3	4	6	8	9
7	1	5	3	4	2	9	6	8
6	8	2	1	9	5	4	7	3
9	4	3	8	6	7	2	5	1
2	5	1	4	7	8	3	9	6
3	7	6	2	1	9	8	4	5
4	9	8	6	5	3	7	1	2

HARD - 152

1	2	7	5	6	3	4	8	9
9	5	6	7	4	8	1	3	2
4	8	3	9	2	1	5	6	7
7	3	9	4	5	2	8	1	6
8	4	1	6	3	9	2	7	5
5	6	2	1	8	7	3	9	4
3	9	5	8	7	4	6	2	1
2	1	4	3	9	6	7	5	8
6	7	8	2	1	5	9	4	3

HARD - 153

7	9	5	3	2	4	1	6	8
1	8	6	7	9	5	2	3	4
2	4	3	6	8	1	9	5	7
9	1	8	5	3	7	6	4	2
5	2	7	4	6	9	3	8	1
3	6	4	2	1	8	5	7	9
8	3	1	9	4	6	7	2	5
6	5	9	8	7	2	4	1	3
4	7	2	1	5	3	8	9	6

HARD - 154

5	8	1	7	6	4	3	9	2
7	3	9	5	1	2	6	4	8
6	4	2	8	9	3	7	5	1
1	9	6	4	3	7	2	8	5
3	2	8	6	5	9	1	7	4
4	7	5	2	8	1	9	3	6
8	6	7	3	2	5	4	1	9
9	5	3	1	4	6	8	2	7
2	1	4	9	7	8	5	6	3

HARD - 155

6	5	3	1	9	2	7	8	4
8	1	9	3	7	4	2	6	5
4	7	2	8	5	6	1	3	9
3	4	8	5	6	7	9	1	2
7	2	1	4	8	9	6	5	3
5	9	6	2	3	1	8	4	7
9	6	4	7	1	5	3	2	8
2	8	7	6	4	3	5	9	1
1	3	5	9	2	8	4	7	6

HARD - 156

5	3	1	4	8	2	9	7	6
4	2	6	7	9	3	5	8	1
7	8	9	1	6	5	3	4	2
2	1	4	3	7	8	6	9	5
9	5	7	2	4	6	8	1	3
3	6	8	5	1	9	7	2	4
1	7	3	8	5	4	2	6	9
8	9	5	6	2	1	4	3	7
6	4	2	9	3	7	1	5	8

HARD - 157

2	6	8	3	5	9	7	1	4
5	9	7	1	2	4	3	6	8
1	4	3	6	8	7	5	9	2
7	3	6	4	9	1	8	2	5
9	2	1	5	7	8	6	4	3
8	5	4	2	3	6	1	7	9
3	1	2	7	4	5	9	8	6
6	8	5	9	1	2	4	3	7
4	7	9	8	6	3	2	5	1

HARD - 158

6	4	5	7	9	1	8	3	2
1	2	7	3	8	5	6	4	9
9	8	3	4	2	6	5	7	1
5	7	9	8	4	3	2	1	6
8	6	4	5	1	2	3	9	7
2	3	1	6	7	9	4	8	5
4	5	6	1	3	7	9	2	8
7	9	8	2	5	4	1	6	3
3	1	2	9	6	8	7	5	4

HARD - 159

8	9	7	1	5	4	2	6	3
4	3	6	2	9	8	1	7	5
1	5	2	3	6	7	9	8	4
7	2	8	4	3	9	5	1	6
3	6	4	8	1	5	7	9	2
9	1	5	7	2	6	3	4	8
6	4	9	5	7	3	8	2	1
2	7	3	6	8	1	4	5	9
5	8	1	9	4	2	6	3	7

HARD - 160

6	7	1	2	9	5	3	8	4
3	5	2	6	8	4	1	9	7
4	8	9	1	3	7	2	6	5
9	2	3	7	1	8	5	4	6
7	4	8	5	6	2	9	1	3
1	6	5	3	4	9	7	2	8
5	9	6	4	2	3	8	7	1
8	3	4	9	7	1	6	5	2
2	1	7	8	5	6	4	3	9

HARD - 161

5	6	1	4	3	2	8	7	9
3	4	9	5	8	7	1	6	2
7	2	8	6	9	1	3	4	5
8	5	3	7	6	4	2	9	1
1	9	4	2	5	8	7	3	6
6	7	2	3	1	9	5	8	4
9	8	5	1	4	3	6	2	7
4	1	7	8	2	6	9	5	3
2	3	6	9	7	5	4	1	8

HARD - 162

3	5	6	9	7	4	1	2	8
2	8	9	1	6	3	7	4	5
4	1	7	5	2	8	6	9	3
8	7	4	3	1	5	9	6	2
5	9	1	2	4	6	8	3	7
6	3	2	8	9	7	5	1	4
1	6	8	4	5	2	3	7	9
9	4	5	7	3	1	2	8	6
7	2	3	6	8	9	4	5	1

HARD - 163

4	1	8	7	3	9	5	6	2
2	9	6	5	4	8	1	3	7
7	5	3	1	2	6	4	9	8
1	6	5	3	8	2	9	7	4
8	3	4	9	7	5	2	1	6
9	7	2	6	1	4	8	5	3
5	8	1	2	6	7	3	4	9
6	4	9	8	5	3	7	2	1
3	2	7	4	9	1	6	8	5

HARD - 164

7	5	4	1	6	3	9	8	2
9	2	8	7	4	5	6	3	1
3	1	6	2	9	8	5	7	4
6	9	2	3	5	7	1	4	8
4	7	5	9	8	1	2	6	3
1	8	3	4	2	6	7	9	5
2	4	7	5	3	9	8	1	6
8	3	1	6	7	2	4	5	9
5	6	9	8	1	4	3	2	7

HARD - 165

6	3	2	1	8	5	9	4	7
7	8	1	9	3	4	5	2	6
5	9	4	2	7	6	8	1	3
1	7	5	3	2	9	6	8	4
9	4	3	5	6	8	2	7	1
8	2	6	4	1	7	3	5	9
2	6	7	8	4	3	1	9	5
4	5	8	6	9	1	7	3	2
3	1	9	7	5	2	4	6	8

HARD - 166

8	1	4	6	2	7	5	3	9
9	2	5	3	1	4	7	6	8
3	7	6	8	5	9	1	2	4
5	4	9	1	6	8	2	7	3
6	8	7	2	9	3	4	1	5
2	3	1	7	4	5	8	9	6
4	5	2	9	3	1	6	8	7
7	6	3	4	8	2	9	5	1
1	9	8	5	7	6	3	4	2

HARD - 167

4	1	7	2	3	8	9	6	5
3	5	9	7	4	6	8	1	2
2	8	6	9	5	1	7	3	4
1	7	2	3	8	5	6	4	9
6	3	4	1	9	7	2	5	8
8	9	5	4	6	2	3	7	1
5	2	8	6	7	4	1	9	3
7	4	3	8	1	9	5	2	6
9	6	1	5	2	3	4	8	7

HARD - 168

4	5	8	1	3	7	6	9	2
2	3	9	5	6	8	4	7	1
7	1	6	9	4	2	5	8	3
9	4	7	3	5	1	2	6	8
8	6	3	7	2	9	1	4	5
5	2	1	4	8	6	9	3	7
1	9	5	8	7	4	3	2	6
6	7	4	2	1	3	8	5	9
3	8	2	6	9	5	7	1	4

HARD - 169

9	4	6	3	1	8	5	2	7
7	8	1	9	5	2	6	3	4
2	5	3	7	6	4	8	9	1
3	6	5	2	8	1	4	7	9
4	9	2	6	7	5	1	8	3
1	7	8	4	9	3	2	5	6
6	3	4	5	2	9	7	1	8
8	2	9	1	4	7	3	6	5
5	1	7	8	3	6	9	4	2

HARD - 170

5	2	6	8	7	4	1	9	3
4	8	3	2	1	9	6	5	7
7	1	9	5	3	6	8	4	2
9	4	5	3	2	8	7	1	6
8	3	1	6	4	7	9	2	5
6	7	2	1	9	5	3	8	4
1	9	4	7	5	3	2	6	8
3	5	8	9	6	2	4	7	1
2	6	7	4	8	1	5	3	9

HARD - 171

2	3	5	7	8	9	1	6	4
9	7	1	2	4	6	5	8	3
4	8	6	1	5	3	7	2	9
8	9	3	4	7	1	2	5	6
6	4	2	8	3	5	9	7	1
5	1	7	9	6	2	4	3	8
1	5	9	3	2	8	6	4	7
3	6	4	5	9	7	8	1	2
7	2	8	6	1	4	3	9	5

HARD - 172

2	3	8	9	5	7	1	6	4
9	1	5	4	8	6	2	7	3
7	6	4	2	1	3	9	5	8
1	2	7	5	6	4	3	8	9
6	8	3	7	2	9	5	4	1
4	5	9	8	3	1	7	2	6
3	7	2	1	4	8	6	9	5
5	4	1	6	9	2	8	3	7
8	9	6	3	7	5	4	1	2

HARD - 173

2	6	5	3	1	7	8	4	9
3	9	1	5	4	8	6	2	7
4	8	7	6	9	2	3	5	1
6	1	4	2	8	5	7	9	3
7	5	9	4	3	1	2	6	8
8	3	2	9	7	6	5	1	4
5	4	3	8	2	9	1	7	6
1	2	8	7	6	4	9	3	5
9	7	6	1	5	3	4	8	2

HARD - 174

1	7	2	6	4	8	5	9	3
8	9	6	5	3	1	4	7	2
5	4	3	2	7	9	8	1	6
4	3	8	1	9	7	2	6	5
2	6	7	4	5	3	1	8	9
9	5	1	8	6	2	7	3	4
7	1	5	9	2	6	3	4	8
6	8	4	3	1	5	9	2	7
3	2	9	7	8	4	6	5	1

HARD - 175

6	2	9	3	1	7	5	8	4
8	5	3	6	2	4	7	1	9
1	4	7	9	8	5	3	2	6
3	9	1	7	5	8	4	6	2
7	8	4	2	6	1	9	5	3
2	6	5	4	3	9	1	7	8
9	3	6	1	7	2	8	4	5
5	1	2	8	4	3	6	9	7
4	7	8	5	9	6	2	3	1

HARD - 176

2	7	5	4	1	8	6	3	9
6	1	9	7	3	5	8	2	4
4	3	8	6	9	2	1	7	5
3	4	7	2	8	9	5	6	1
1	5	6	3	7	4	9	8	2
8	9	2	1	5	6	7	4	3
7	8	1	9	2	3	4	5	6
5	2	4	8	6	1	3	9	7
9	6	3	5	4	7	2	1	8

HARD - 177

1	3	7	6	2	8	4	9	5
4	9	6	1	3	5	8	2	7
8	5	2	7	9	4	3	6	1
3	6	1	5	7	9	2	8	4
9	4	5	8	1	2	7	3	6
2	7	8	3	4	6	5	1	9
7	8	9	4	6	3	1	5	2
6	1	3	2	5	7	9	4	8
5	2	4	9	8	1	6	7	3

HARD - 178

4	1	5	7	2	9	8	6	3
7	8	9	3	4	6	1	2	5
2	3	6	5	8	1	4	9	7
1	2	8	4	3	5	9	7	6
9	4	7	2	6	8	3	5	1
6	5	3	9	1	7	2	4	8
3	7	1	6	9	4	5	8	2
8	6	4	1	5	2	7	3	9
5	9	2	8	7	3	6	1	4

HARD - 179

2	9	8	4	3	5	6	1	7
5	4	7	1	6	2	8	9	3
1	6	3	7	9	8	4	5	2
3	7	6	9	2	4	5	8	1
9	5	2	6	8	1	7	3	4
8	1	4	5	7	3	2	6	9
6	8	1	3	4	7	9	2	5
7	3	9	2	5	6	1	4	8
4	2	5	8	1	9	3	7	6

HARD - 180

8	1	4	2	7	3	9	5	6
9	2	3	1	6	5	7	8	4
5	6	7	9	4	8	3	2	1
6	8	1	7	2	4	5	9	3
3	9	5	6	8	1	2	4	7
4	7	2	5	3	9	1	6	8
2	4	6	3	9	7	8	1	5
7	5	8	4	1	2	6	3	9
1	3	9	8	5	6	4	7	2

HARD - 181

9	6	7	5	4	8	1	3	2
3	4	8	9	2	1	5	7	6
5	2	1	7	3	6	4	9	8
4	3	5	8	7	2	6	1	9
1	8	9	6	5	3	7	2	4
2	7	6	1	9	4	8	5	3
8	1	3	2	6	5	9	4	7
7	5	2	4	8	9	3	6	1
6	9	4	3	1	7	2	8	5

HARD - 182

9	1	3	8	6	4	7	2	5
7	4	6	1	5	2	3	8	9
8	2	5	3	9	7	1	6	4
3	8	7	9	4	1	2	5	6
4	9	2	6	3	5	8	7	1
5	6	1	7	2	8	4	9	3
2	7	9	5	1	3	6	4	8
6	3	8	4	7	9	5	1	2
1	5	4	2	8	6	9	3	7

HARD - 183

1	4	3	6	7	8	9	5	2
6	7	9	3	5	2	4	8	1
2	5	8	1	4	9	3	7	6
8	2	5	4	1	6	7	3	9
4	1	6	7	9	3	8	2	5
3	9	7	2	8	5	6	1	4
7	8	1	9	2	4	5	6	3
9	6	2	5	3	7	1	4	8
5	3	4	8	6	1	2	9	7

HARD - 184

1	7	2	9	5	6	8	3	4
5	6	8	2	3	4	7	9	1
3	9	4	1	8	7	6	2	5
9	8	1	7	4	3	2	5	6
4	3	7	5	6	2	1	8	9
6	2	5	8	1	9	4	7	3
7	5	9	6	2	1	3	4	8
8	4	6	3	7	5	9	1	2
2	1	3	4	9	8	5	6	7

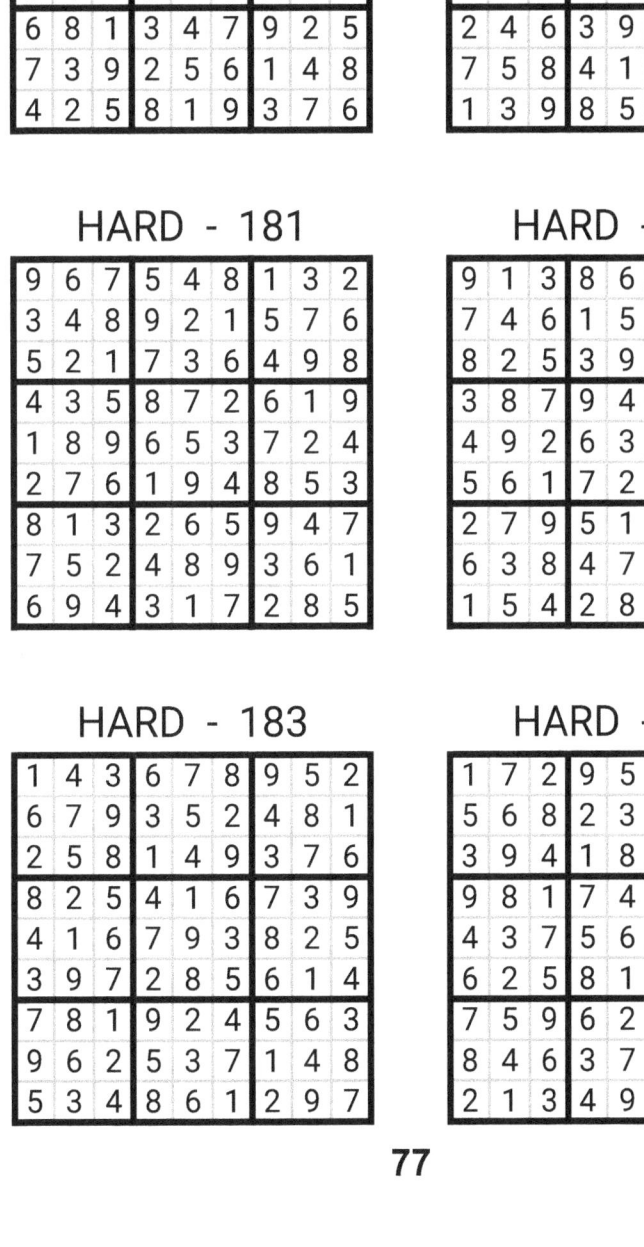

HARD - 185

8	9	2	6	1	4	5	3	7
3	4	1	7	5	9	2	6	8
6	7	5	8	3	2	1	9	4
5	3	9	2	7	1	4	8	6
4	8	6	5	9	3	7	2	1
2	1	7	4	6	8	9	5	3
7	6	8	1	2	5	3	4	9
1	5	3	9	4	6	8	7	2
9	2	4	3	8	7	6	1	5

HARD - 186

5	3	1	9	2	4	7	6	8
6	7	9	1	5	8	4	2	3
2	8	4	7	6	3	9	1	5
8	1	2	3	7	6	5	9	4
3	6	5	8	4	9	2	7	1
4	9	7	5	1	2	8	3	6
1	2	6	4	8	7	3	5	9
7	4	3	6	9	5	1	8	2
9	5	8	2	3	1	6	4	7

HARD - 187

3	9	8	6	5	4	7	2	1
7	1	6	2	3	8	4	9	5
2	4	5	7	9	1	6	8	3
1	7	4	8	2	5	3	6	9
6	3	2	1	4	9	8	5	7
8	5	9	3	7	6	2	1	4
5	6	7	4	1	2	9	3	8
9	2	3	5	8	7	1	4	6
4	8	1	9	6	3	5	7	2

HARD - 188

2	3	9	4	5	7	1	6	8
1	6	7	8	2	9	4	3	5
5	8	4	6	1	3	7	9	2
9	5	6	1	3	2	8	4	7
3	1	8	7	6	4	5	2	9
4	7	2	9	8	5	6	1	3
6	4	5	2	9	8	3	7	1
8	2	1	3	7	6	9	5	4
7	9	3	5	4	1	2	8	6

HARD - 189

9	6	2	5	8	1	7	4	3
4	1	7	9	2	3	8	5	6
3	5	8	6	4	7	9	1	2
6	3	4	7	5	8	2	9	1
2	7	1	4	6	9	5	3	8
8	9	5	3	1	2	4	6	7
1	2	6	8	9	4	3	7	5
7	8	9	1	3	5	6	2	4
5	4	3	2	7	6	1	8	9

HARD - 190

7	6	3	8	5	1	9	2	4
1	2	9	7	3	4	6	8	5
5	4	8	2	6	9	3	7	1
8	1	4	5	7	6	2	3	9
6	3	7	9	1	2	5	4	8
2	9	5	4	8	3	7	1	6
9	8	2	3	4	5	1	6	7
3	7	6	1	9	8	4	5	2
4	5	1	6	2	7	8	9	3

HARD - 191

7	9	1	5	8	3	6	2	4
8	2	6	9	7	4	3	5	1
4	5	3	2	6	1	9	8	7
3	6	4	7	2	9	8	1	5
5	7	2	6	1	8	4	3	9
9	1	8	3	4	5	7	6	2
2	4	7	8	5	6	1	9	3
1	8	9	4	3	2	5	7	6
6	3	5	1	9	7	2	4	8

HARD - 192

9	4	3	5	7	2	1	8	6
2	6	7	3	8	1	5	9	4
5	8	1	9	4	6	3	2	7
8	5	4	1	3	7	9	6	2
6	7	9	2	5	8	4	3	1
1	3	2	6	9	4	8	7	5
4	2	5	8	6	9	7	1	3
3	1	8	7	2	5	6	4	9
7	9	6	4	1	3	2	5	8

HARD - 193

6	1	7	4	3	2	9	5	8
2	4	3	9	5	8	7	6	1
9	8	5	7	6	1	3	2	4
5	6	4	1	9	3	8	7	2
8	2	9	6	7	4	1	3	5
3	7	1	2	8	5	4	9	6
1	9	8	3	2	6	5	4	7
7	5	2	8	4	9	6	1	3
4	3	6	5	1	7	2	8	9

HARD - 194

8	3	6	9	7	4	2	1	5
2	4	9	5	1	8	6	7	3
1	5	7	6	3	2	8	9	4
5	2	8	7	9	3	1	4	6
6	1	3	2	4	5	9	8	7
9	7	4	8	6	1	3	5	2
4	8	2	3	5	9	7	6	1
7	9	1	4	2	6	5	3	8
3	6	5	1	8	7	4	2	9

HARD - 195

3	9	2	5	4	8	7	6	1
1	4	8	9	7	6	2	3	5
7	5	6	3	2	1	4	9	8
6	3	5	8	1	7	9	2	4
8	1	4	2	6	9	5	7	3
2	7	9	4	3	5	8	1	6
4	8	3	6	9	2	1	5	7
5	2	1	7	8	3	6	4	9
9	6	7	1	5	4	3	8	2

HARD - 196

2	5	9	1	8	7	6	4	3
3	7	1	5	4	6	2	9	8
8	6	4	3	2	9	7	1	5
5	1	6	2	3	4	9	8	7
7	2	3	6	9	8	1	5	4
4	9	8	7	5	1	3	6	2
9	8	7	4	6	2	5	3	1
1	4	5	9	7	3	8	2	6
6	3	2	8	1	5	4	7	9

HARD - 197

9	8	5	3	6	1	2	4	7
2	1	4	8	7	5	3	9	6
6	7	3	4	9	2	8	5	1
4	3	6	2	8	7	5	1	9
5	9	7	6	1	3	4	8	2
8	2	1	9	5	4	6	7	3
7	6	9	5	3	8	1	2	4
3	5	2	1	4	9	7	6	8
1	4	8	7	2	6	9	3	5

HARD - 198

7	2	3	6	9	5	4	1	8
6	8	9	7	1	4	5	2	3
5	4	1	8	3	2	9	7	6
1	3	6	4	7	8	2	9	5
9	5	8	1	2	3	6	4	7
4	7	2	5	6	9	8	3	1
2	1	7	9	8	6	3	5	4
8	9	4	3	5	1	7	6	2
3	6	5	2	4	7	1	8	9

HARD - 199

9	5	7	6	3	1	2	8	4
2	1	4	5	8	7	9	6	3
8	3	6	4	2	9	7	1	5
5	8	2	1	9	6	4	3	7
6	4	9	7	5	3	8	2	1
1	7	3	2	4	8	5	9	6
7	2	1	8	6	5	3	4	9
4	9	5	3	1	2	6	7	8
3	6	8	9	7	4	1	5	2

HARD - 200

7	9	2	1	4	6	5	8	3
8	6	1	2	3	5	7	4	9
3	4	5	9	7	8	1	2	6
4	7	9	6	8	1	3	5	2
6	5	8	7	2	3	9	1	4
1	2	3	4	5	9	8	6	7
9	3	4	8	1	2	6	7	5
5	8	7	3	6	4	2	9	1
2	1	6	5	9	7	4	3	8

3	2	6	9	8	5	4	7	1
4	7	1	2	3	6	5	8	9
5	9	8	7	4	1	3	2	6
7	6	2	3	5	9	1	4	8
1	5	3	4	7	8	9	6	2
9	8	4	1	6	2	7	3	5
2	4	5	6	9	7	8	1	3
6	3	9	8	1	4	2	5	7
8	1	7	5	2	3	6	9	4

4	5	3	9	1	8	6	2	7
9	2	8	5	7	6	4	1	3
6	7	1	2	4	3	8	9	5
2	1	9	6	3	4	7	5	8
7	6	5	8	9	2	1	3	4
8	3	4	7	5	1	9	6	2
3	9	7	4	6	5	2	8	1
1	4	2	3	8	9	5	7	6
5	8	6	1	2	7	3	4	9

3	9	2	1	7	6	5	8	4
4	8	7	2	5	9	3	6	1
5	1	6	4	3	8	7	9	2
1	7	9	8	6	5	2	4	3
8	5	4	9	2	3	6	1	7
2	6	3	7	4	1	8	5	9
7	4	8	5	9	2	1	3	6
9	3	5	6	1	7	4	2	8
6	2	1	3	8	4	9	7	5

4	8	9	5	6	3	2	7	1
2	1	6	4	9	7	5	3	8
5	3	7	8	2	1	9	6	4
1	2	3	7	4	5	6	8	9
9	7	8	6	3	2	1	4	5
6	4	5	9	1	8	7	2	3
7	6	1	3	5	4	8	9	2
3	9	2	1	8	6	4	5	7
8	5	4	2	7	9	3	1	6

4	8	7	1	2	3	6	9	5
5	6	1	9	7	8	2	3	4
3	2	9	6	4	5	7	8	1
6	5	3	7	8	9	1	4	2
9	7	8	2	1	4	3	5	6
2	1	4	3	5	6	9	7	8
1	9	5	4	3	2	8	6	7
8	3	2	5	6	7	4	1	9
7	4	6	8	9	1	5	2	3

9	4	3	6	5	8	2	1	7
8	5	7	1	4	2	9	3	6
6	2	1	7	3	9	5	4	8
7	1	8	5	9	3	6	2	4
2	9	6	4	7	1	3	8	5
5	3	4	2	8	6	7	9	1
3	6	5	8	2	4	1	7	9
4	7	9	3	1	5	8	6	2
1	8	2	9	6	7	4	5	3

3	1	7	2	4	9	8	6	5
5	9	2	3	6	8	7	1	4
8	4	6	7	5	1	9	2	3
4	2	9	5	8	3	1	7	6
6	5	1	9	2	7	3	4	8
7	3	8	6	1	4	5	9	2
2	7	4	1	3	5	6	8	9
1	8	3	4	9	6	2	5	7
9	6	5	8	7	2	4	3	1

7	6	8	1	2	5	9	4	3
2	4	3	7	9	8	5	6	1
5	1	9	4	3	6	8	2	7
1	7	2	5	8	9	4	3	6
4	8	6	3	1	7	2	5	9
9	3	5	6	4	2	1	7	8
6	2	1	9	5	3	7	8	4
8	9	7	2	6	4	3	1	5
3	5	4	8	7	1	6	9	2

HARD - 209

5	7	8	1	9	4	2	3	6
1	9	2	5	6	3	7	8	4
4	3	6	7	2	8	5	1	9
9	5	7	4	3	1	6	2	8
3	6	1	8	7	2	4	9	5
8	2	4	9	5	6	1	7	3
7	4	3	6	1	9	8	5	2
2	8	5	3	4	7	9	6	1
6	1	9	2	8	5	3	4	7

HARD - 210

8	3	6	7	4	2	9	5	1
7	1	5	9	6	3	8	2	4
4	2	9	8	1	5	6	3	7
3	9	1	2	5	6	4	7	8
5	4	2	1	8	7	3	9	6
6	8	7	4	3	9	2	1	5
9	7	4	5	2	8	1	6	3
1	5	3	6	9	4	7	8	2
2	6	8	3	7	1	5	4	9

HARD - 211

3	4	2	6	5	8	9	7	1
1	5	6	9	3	7	4	8	2
8	9	7	2	1	4	6	5	3
6	1	8	4	9	3	5	2	7
5	2	4	8	7	6	3	1	9
7	3	9	5	2	1	8	6	4
9	6	5	1	4	2	7	3	8
4	7	1	3	8	5	2	9	6
2	8	3	7	6	9	1	4	5

HARD - 212

8	6	7	4	9	1	5	2	3
5	1	3	8	6	2	4	9	7
9	4	2	5	3	7	8	6	1
7	9	1	3	8	5	6	4	2
3	8	6	1	2	4	9	7	5
2	5	4	9	7	6	1	3	8
6	2	9	7	1	8	3	5	4
1	3	5	2	4	9	7	8	6
4	7	8	6	5	3	2	1	9

HARD - 213

3	5	2	1	9	6	4	8	7
6	8	4	3	2	7	9	1	5
7	1	9	4	8	5	6	2	3
2	3	1	7	6	8	5	4	9
9	4	7	2	5	1	8	3	6
5	6	8	9	3	4	2	7	1
8	7	6	5	4	3	1	9	2
4	2	3	6	1	9	7	5	8
1	9	5	8	7	2	3	6	4

HARD - 214

5	6	7	4	2	1	8	3	9
4	8	1	9	3	6	2	7	5
2	3	9	7	5	8	6	4	1
9	7	6	2	4	5	1	8	3
1	4	2	8	7	3	5	9	6
8	5	3	1	6	9	7	2	4
6	2	4	3	1	7	9	5	8
7	1	8	5	9	4	3	6	2
3	9	5	6	8	2	4	1	7

HARD - 215

4	6	8	5	7	2	1	3	9
5	2	7	3	1	9	6	4	8
3	1	9	6	4	8	5	7	2
9	7	6	1	8	5	3	2	4
8	5	2	7	3	4	9	6	1
1	4	3	2	9	6	8	5	7
2	9	5	8	6	7	4	1	3
6	3	4	9	2	1	7	8	5
7	8	1	4	5	3	2	9	6

HARD - 216

9	8	3	7	1	2	6	5	4
7	4	1	3	6	5	2	8	9
2	5	6	9	8	4	1	7	3
4	2	8	1	3	6	7	9	5
1	3	7	5	9	8	4	2	6
5	6	9	2	4	7	3	1	8
8	1	5	6	7	3	9	4	2
3	7	2	4	5	9	8	6	1
6	9	4	8	2	1	5	3	7

HARD - 217

6	3	5	4	1	7	2	8	9
2	1	7	3	9	8	4	6	5
4	9	8	2	5	6	7	3	1
3	6	4	9	7	2	1	5	8
5	2	9	1	8	4	3	7	6
7	8	1	5	6	3	9	2	4
9	5	2	8	3	1	6	4	7
1	4	6	7	2	5	8	9	3
8	7	3	6	4	9	5	1	2

HARD - 218

7	2	4	1	9	6	5	3	8
8	5	1	2	3	7	9	4	6
3	9	6	4	8	5	7	1	2
1	6	5	3	4	9	8	2	7
2	4	8	7	6	1	3	5	9
9	3	7	8	5	2	4	6	1
4	8	2	9	1	3	6	7	5
6	7	9	5	2	4	1	8	3
5	1	3	6	7	8	2	9	4

HARD - 219

2	5	4	3	1	7	8	6	9
9	7	3	2	8	6	5	1	4
1	8	6	9	4	5	7	2	3
3	1	9	4	7	2	6	5	8
7	6	8	5	9	1	3	4	2
5	4	2	8	6	3	9	7	1
6	3	1	7	2	8	4	9	5
4	2	5	6	3	9	1	8	7
8	9	7	1	5	4	2	3	6

HARD - 220

8	7	2	6	3	1	5	9	4
9	5	1	7	4	8	6	3	2
6	3	4	2	5	9	1	7	8
1	8	3	4	6	5	9	2	7
2	6	9	3	8	7	4	1	5
5	4	7	1	9	2	8	6	3
4	9	6	8	2	3	7	5	1
3	1	5	9	7	4	2	8	6
7	2	8	5	1	6	3	4	9

HARD - 221

9	3	4	8	2	1	7	5	6
1	8	5	4	7	6	9	2	3
6	2	7	3	9	5	8	4	1
4	1	8	6	3	2	5	9	7
2	7	3	1	5	9	4	6	8
5	6	9	7	8	4	1	3	2
8	9	1	2	4	3	6	7	5
7	4	2	5	6	8	3	1	9
3	5	6	9	1	7	2	8	4

HARD - 222

2	5	1	8	9	7	4	3	6
6	9	8	5	3	4	7	1	2
7	3	4	2	6	1	9	5	8
3	2	9	4	5	6	8	7	1
1	6	5	3	7	8	2	4	9
4	8	7	9	1	2	5	6	3
5	4	6	1	2	9	3	8	7
9	7	3	6	8	5	1	2	4
8	1	2	7	4	3	6	9	5

HARD - 223

2	5	9	4	3	8	7	6	1
6	8	1	9	7	5	2	4	3
3	7	4	2	1	6	9	8	5
1	4	5	6	2	7	8	3	9
8	2	3	1	4	9	5	7	6
9	6	7	5	8	3	1	2	4
4	1	8	3	9	2	6	5	7
5	9	2	7	6	4	3	1	8
7	3	6	8	5	1	4	9	2

HARD - 224

4	7	8	5	3	2	6	9	1
1	5	6	9	8	4	2	7	3
9	2	3	1	7	6	5	4	8
5	6	2	7	4	1	3	8	9
3	8	1	6	5	9	4	2	7
7	9	4	8	2	3	1	5	6
8	4	7	3	6	5	9	1	2
2	3	9	4	1	8	7	6	5
6	1	5	2	9	7	8	3	4

HARD - 225

8	3	6	5	4	2	9	7	1
9	5	7	8	3	1	6	2	4
2	1	4	9	7	6	8	3	5
5	7	3	1	6	4	2	9	8
6	4	9	3	2	8	1	5	7
1	8	2	7	5	9	3	4	6
4	9	1	2	8	7	5	6	3
7	2	5	6	1	3	4	8	9
3	6	8	4	9	5	7	1	2

HARD - 226

8	4	6	5	2	3	7	9	1
7	5	3	9	8	1	4	2	6
2	1	9	6	4	7	3	8	5
1	2	5	7	6	8	9	4	3
6	3	7	2	9	4	1	5	8
9	8	4	1	3	5	2	6	7
3	9	2	8	1	6	5	7	4
5	6	1	4	7	9	8	3	2
4	7	8	3	5	2	6	1	9

HARD - 227

4	5	3	6	7	1	8	9	2
6	8	7	5	2	9	1	4	3
9	1	2	3	4	8	6	7	5
5	9	8	1	3	4	2	6	7
7	6	1	9	8	2	5	3	4
2	3	4	7	6	5	9	1	8
8	4	9	2	1	3	7	5	6
3	7	5	8	9	6	4	2	1
1	2	6	4	5	7	3	8	9

HARD - 228

9	2	5	7	4	3	6	8	1
1	8	4	5	9	6	7	2	3
6	3	7	2	8	1	5	9	4
8	7	9	1	5	2	3	4	6
5	4	1	3	6	9	2	7	8
3	6	2	8	7	4	9	1	5
7	1	3	6	2	8	4	5	9
4	5	6	9	1	7	8	3	2
2	9	8	4	3	5	1	6	7

HARD - 229

6	9	5	2	4	7	1	3	8
4	8	3	9	5	1	2	6	7
1	2	7	8	3	6	5	9	4
5	7	9	1	8	2	6	4	3
8	3	6	5	7	4	9	2	1
2	4	1	6	9	3	8	7	5
9	6	4	7	1	5	3	8	2
7	1	2	3	6	8	4	5	9
3	5	8	4	2	9	7	1	6

HARD - 230

2	4	9	5	7	1	6	8	3
3	7	5	9	8	6	1	2	4
6	1	8	2	4	3	5	7	9
4	2	3	6	5	7	9	1	8
5	8	1	4	9	2	7	3	6
9	6	7	3	1	8	2	4	5
1	3	4	7	6	5	8	9	2
8	9	6	1	2	4	3	5	7
7	5	2	8	3	9	4	6	1

HARD - 231

2	1	8	9	6	5	7	4	3
6	3	7	2	8	4	5	1	9
9	5	4	1	7	3	6	2	8
5	9	1	7	2	6	8	3	4
7	4	3	8	5	1	2	9	6
8	6	2	3	4	9	1	7	5
3	8	9	5	1	2	4	6	7
4	2	5	6	9	7	3	8	1
1	7	6	4	3	8	9	5	2

HARD - 232

4	9	1	2	8	6	5	7	3
3	6	5	7	9	1	8	4	2
8	7	2	3	4	5	1	6	9
1	8	9	5	2	4	7	3	6
7	4	6	8	1	3	9	2	5
2	5	3	6	7	9	4	1	8
5	3	4	9	6	7	2	8	1
9	2	7	1	3	8	6	5	4
6	1	8	4	5	2	3	9	7

HARD - 233

9	7	2	5	4	3	1	6	8
5	1	8	6	7	2	4	3	9
4	6	3	9	8	1	5	7	2
2	4	7	1	9	6	3	8	5
1	5	9	2	3	8	6	4	7
8	3	6	4	5	7	2	9	1
3	8	5	7	1	4	9	2	6
7	2	1	3	6	9	8	5	4
6	9	4	8	2	5	7	1	3

HARD - 234

1	2	7	4	8	9	6	5	3
5	8	3	1	2	6	4	7	9
6	4	9	7	5	3	2	8	1
4	7	8	9	1	2	5	3	6
9	3	6	8	4	5	7	1	2
2	5	1	3	6	7	8	9	4
7	9	2	6	3	8	1	4	5
8	1	5	2	9	4	3	6	7
3	6	4	5	7	1	9	2	8

HARD - 235

1	8	7	6	4	5	2	9	3
6	5	9	1	3	2	8	4	7
2	4	3	9	7	8	6	5	1
8	1	2	3	9	7	5	6	4
9	7	4	8	5	6	3	1	2
3	6	5	4	2	1	7	8	9
7	3	1	5	8	4	9	2	6
5	2	6	7	1	9	4	3	8
4	9	8	2	6	3	1	7	5

HARD - 236

8	4	3	5	7	1	6	2	9
2	5	9	6	3	4	1	7	8
7	1	6	9	2	8	5	3	4
6	8	4	1	5	2	7	9	3
1	3	2	7	4	9	8	6	5
5	9	7	3	8	6	4	1	2
4	2	1	8	6	3	9	5	7
3	6	5	4	9	7	2	8	1
9	7	8	2	1	5	3	4	6

HARD - 237

5	3	8	2	6	1	4	9	7
4	2	9	8	7	3	1	6	5
7	6	1	5	9	4	2	3	8
3	1	2	4	5	7	6	8	9
9	8	7	3	1	6	5	2	4
6	4	5	9	2	8	7	1	3
8	9	6	1	4	5	3	7	2
1	5	3	7	8	2	9	4	6
2	7	4	6	3	9	8	5	1

HARD - 238

2	5	6	1	7	8	3	4	9
3	8	4	9	5	2	7	1	6
7	9	1	3	4	6	5	8	2
6	7	9	4	8	3	1	2	5
4	3	2	6	1	5	8	9	7
8	1	5	2	9	7	4	6	3
9	4	3	7	2	1	6	5	8
1	6	8	5	3	9	2	7	4
5	2	7	8	6	4	9	3	1

HARD - 239

6	3	4	1	2	7	9	5	8
9	8	5	3	6	4	7	2	1
1	7	2	5	9	8	3	4	6
8	4	1	7	3	9	5	6	2
7	9	6	4	5	2	8	1	3
5	2	3	6	8	1	4	9	7
4	1	9	8	7	6	2	3	5
3	6	7	2	4	5	1	8	9
2	5	8	9	1	3	6	7	4

HARD - 240

2	3	6	4	7	5	9	8	1
1	5	4	6	9	8	7	2	3
7	8	9	1	3	2	4	6	5
6	1	2	9	4	7	5	3	8
3	4	8	5	6	1	2	7	9
5	9	7	8	2	3	6	1	4
4	7	1	3	5	6	8	9	2
9	2	3	7	8	4	1	5	6
8	6	5	2	1	9	3	4	7

HARD - 241

5	7	6	9	2	4	3	8	1
8	3	2	6	1	7	9	4	5
9	4	1	5	3	8	2	7	6
2	1	8	4	9	6	5	3	7
3	9	5	2	7	1	8	6	4
4	6	7	3	8	5	1	2	9
1	5	4	8	6	2	7	9	3
6	2	9	7	5	3	4	1	8
7	8	3	1	4	9	6	5	2

HARD - 242

5	1	7	2	6	4	8	3	9
4	8	2	1	9	3	6	7	5
9	6	3	5	7	8	1	2	4
6	7	5	8	4	2	9	1	3
3	2	9	7	1	6	4	5	8
8	4	1	9	3	5	7	6	2
1	5	8	4	2	7	3	9	6
7	3	4	6	5	9	2	8	1
2	9	6	3	8	1	5	4	7

HARD - 243

4	2	1	3	9	6	8	7	5
8	5	6	7	2	4	9	3	1
3	7	9	8	5	1	6	2	4
1	9	7	6	3	2	4	5	8
5	3	4	1	7	8	2	6	9
6	8	2	9	4	5	7	1	3
9	4	5	2	1	7	3	8	6
7	1	8	4	6	3	5	9	2
2	6	3	5	8	9	1	4	7

HARD - 244

4	1	5	3	2	7	9	8	6
3	7	9	1	6	8	5	2	4
2	6	8	4	9	5	7	3	1
9	3	7	2	8	4	6	1	5
1	8	4	6	5	3	2	7	9
5	2	6	9	7	1	3	4	8
7	9	2	8	4	6	1	5	3
6	4	3	5	1	2	8	9	7
8	5	1	7	3	9	4	6	2

HARD - 245

2	3	6	9	1	7	8	5	4
5	7	4	2	6	8	3	9	1
1	8	9	4	5	3	7	2	6
9	6	2	1	7	4	5	8	3
8	1	7	6	3	5	2	4	9
4	5	3	8	2	9	1	6	7
3	2	1	5	9	6	4	7	8
6	4	5	7	8	1	9	3	2
7	9	8	3	4	2	6	1	5

HARD - 246

8	2	4	9	3	1	5	6	7
9	5	7	6	4	2	3	8	1
3	6	1	5	7	8	4	9	2
1	9	6	2	8	3	7	4	5
4	7	5	1	6	9	8	2	3
2	3	8	7	5	4	9	1	6
6	4	2	3	9	7	1	5	8
5	8	3	4	1	6	2	7	9
7	1	9	8	2	5	6	3	4

HARD - 247

5	3	7	6	8	4	2	9	1
4	9	2	5	3	1	7	8	6
1	6	8	9	2	7	5	3	4
9	2	3	1	4	6	8	7	5
8	5	1	7	9	3	6	4	2
7	4	6	2	5	8	9	1	3
6	8	9	4	1	2	3	5	7
3	7	4	8	6	5	1	2	9
2	1	5	3	7	9	4	6	8

HARD - 248

9	2	7	8	6	4	5	3	1
5	3	4	9	7	1	6	8	2
8	1	6	2	3	5	7	4	9
1	7	2	3	9	6	8	5	4
3	8	9	5	4	7	2	1	6
4	6	5	1	2	8	3	9	7
7	5	3	6	1	9	4	2	8
6	9	8	4	5	2	1	7	3
2	4	1	7	8	3	9	6	5

HARD - 249

```
6 4 1 | 3 9 7 | 5 2 8
9 2 7 | 5 8 4 | 1 6 3
8 5 3 | 1 6 2 | 4 9 7
------+-------+------
7 9 2 | 6 5 3 | 8 4 1
4 8 6 | 9 7 1 | 2 3 5
1 3 5 | 4 2 8 | 6 7 9
------+-------+------
5 7 8 | 2 4 9 | 3 1 6
3 6 4 | 7 1 5 | 9 8 2
2 1 9 | 8 3 6 | 7 5 4
```

HARD - 250

```
9 1 6 | 2 3 5 | 4 8 7
4 5 7 | 8 6 1 | 3 2 9
2 3 8 | 7 4 9 | 6 1 5
------+-------+------
5 9 2 | 4 7 8 | 1 6 3
3 6 1 | 9 5 2 | 8 7 4
8 7 4 | 3 1 6 | 5 9 2
------+-------+------
1 8 9 | 5 2 4 | 7 3 6
7 2 5 | 6 8 3 | 9 4 1
6 4 3 | 1 9 7 | 2 5 8
```

HARD - 251

```
4 7 1 | 9 2 6 | 3 8 5
5 6 8 | 1 3 7 | 9 2 4
9 3 2 | 5 8 4 | 7 6 1
------+-------+------
8 9 3 | 2 6 5 | 4 1 7
1 4 6 | 3 7 9 | 8 5 2
7 2 5 | 8 4 1 | 6 3 9
------+-------+------
2 8 4 | 7 5 3 | 1 9 6
6 5 9 | 4 1 8 | 2 7 3
3 1 7 | 6 9 2 | 5 4 8
```

HARD - 252

```
2 4 7 | 3 9 6 | 1 8 5
9 3 6 | 8 1 5 | 4 7 2
1 8 5 | 4 7 2 | 9 6 3
------+-------+------
3 6 1 | 5 4 7 | 2 9 8
7 9 2 | 1 6 8 | 5 3 4
8 5 4 | 9 2 3 | 7 1 6
------+-------+------
4 2 9 | 6 3 1 | 8 5 7
5 1 3 | 7 8 4 | 6 2 9
6 7 8 | 2 5 9 | 3 4 1
```

HARD - 253

```
2 9 8 | 7 1 6 | 3 4 5
4 3 6 | 9 2 5 | 1 8 7
1 5 7 | 4 3 8 | 2 6 9
------+-------+------
5 2 9 | 1 4 7 | 8 3 6
6 4 1 | 3 8 9 | 7 5 2
7 8 3 | 5 6 2 | 9 1 4
------+-------+------
8 1 5 | 2 9 4 | 6 7 3
9 6 4 | 8 7 3 | 5 2 1
3 7 2 | 6 5 1 | 4 9 8
```

HARD - 254

```
5 7 9 | 2 6 3 | 8 1 4
8 2 1 | 9 5 4 | 7 3 6
6 4 3 | 1 7 8 | 9 5 2
------+-------+------
2 9 4 | 5 1 6 | 3 8 7
7 3 6 | 8 9 2 | 5 4 1
1 8 5 | 3 4 7 | 2 6 9
------+-------+------
9 6 8 | 7 3 1 | 4 2 5
4 5 2 | 6 8 9 | 1 7 3
3 1 7 | 4 2 5 | 6 9 8
```

HARD - 255

```
5 9 8 | 6 7 2 | 3 4 1
1 6 2 | 4 8 3 | 7 9 5
4 7 3 | 5 1 9 | 8 6 2
------+-------+------
3 1 5 | 7 9 8 | 4 2 6
2 8 9 | 3 6 4 | 5 1 7
6 4 7 | 1 2 5 | 9 3 8
------+-------+------
9 5 6 | 2 3 7 | 1 8 4
8 2 4 | 9 5 1 | 6 7 3
7 3 1 | 8 4 6 | 2 5 9
```

HARD - 256

```
6 4 7 | 3 2 5 | 8 1 9
3 9 5 | 6 8 1 | 7 4 2
8 1 2 | 4 9 7 | 6 3 5
------+-------+------
1 5 3 | 7 6 9 | 2 8 4
2 7 4 | 8 1 3 | 5 9 6
9 6 8 | 2 5 4 | 3 7 1
------+-------+------
7 8 9 | 5 4 2 | 1 6 3
5 3 1 | 9 7 6 | 4 2 8
4 2 6 | 1 3 8 | 9 5 7
```

HARD - 257

6	7	1	5	9	8	4	3	2
9	8	2	4	6	3	5	1	7
3	4	5	2	1	7	8	6	9
1	3	8	9	7	2	6	4	5
2	9	4	3	5	6	7	8	1
5	6	7	8	4	1	9	2	3
4	1	6	7	3	5	2	9	8
7	2	3	6	8	9	1	5	4
8	5	9	1	2	4	3	7	6

HARD - 258

1	3	4	7	9	5	6	2	8
9	6	7	2	4	8	1	3	5
8	5	2	1	6	3	4	7	9
6	7	3	8	1	2	5	9	4
5	9	8	3	7	4	2	6	1
4	2	1	6	5	9	3	8	7
3	1	6	5	8	7	9	4	2
2	8	9	4	3	1	7	5	6
7	4	5	9	2	6	8	1	3

HARD - 259

7	6	1	9	4	8	2	3	5
3	9	8	6	2	5	7	4	1
2	5	4	3	7	1	8	6	9
8	7	6	4	1	3	9	5	2
5	4	2	8	9	6	1	7	3
1	3	9	2	5	7	6	8	4
6	8	5	1	3	9	4	2	7
9	2	7	5	8	4	3	1	6
4	1	3	7	6	2	5	9	8

HARD - 260

7	3	1	5	2	8	4	9	6
4	5	8	9	1	6	2	7	3
2	9	6	4	3	7	8	5	1
5	6	7	1	9	4	3	2	8
1	8	3	6	7	2	5	4	9
9	4	2	3	8	5	6	1	7
6	2	9	7	5	3	1	8	4
3	1	5	8	4	9	7	6	2
8	7	4	2	6	1	9	3	5

HARD - 261

7	2	6	5	4	9	3	1	8
9	5	3	6	8	1	2	7	4
1	8	4	2	3	7	5	6	9
5	6	1	3	7	4	9	8	2
2	9	7	8	6	5	4	3	1
3	4	8	1	9	2	6	5	7
4	3	2	7	5	8	1	9	6
6	7	9	4	1	3	8	2	5
8	1	5	9	2	6	7	4	3

HARD - 262

4	8	5	9	3	2	1	7	6
9	7	3	6	5	1	2	8	4
2	6	1	8	7	4	3	9	5
6	2	9	1	4	8	7	5	3
8	3	7	2	9	5	4	6	1
5	1	4	7	6	3	8	2	9
7	4	8	5	1	6	9	3	2
1	5	2	3	8	9	6	4	7
3	9	6	4	2	7	5	1	8

HARD - 263

7	9	6	3	2	5	1	8	4
2	1	4	8	6	7	9	5	3
5	8	3	9	4	1	6	7	2
9	5	2	7	3	8	4	1	6
1	4	7	5	9	6	3	2	8
3	6	8	2	1	4	5	9	7
6	3	9	1	7	2	8	4	5
4	2	5	6	8	9	7	3	1
8	7	1	4	5	3	2	6	9

HARD - 264

6	2	5	7	3	8	9	1	4
7	1	9	4	2	5	6	3	8
3	4	8	6	9	1	2	7	5
2	7	1	3	5	4	8	6	9
5	9	4	8	7	6	3	2	1
8	6	3	2	1	9	5	4	7
4	8	7	9	6	3	1	5	2
9	5	6	1	4	2	7	8	3
1	3	2	5	8	7	4	9	6

HARD - 265

7	4	2	8	6	9	3	1	5
1	3	9	5	7	2	4	8	6
5	8	6	3	1	4	2	9	7
2	6	4	9	5	1	7	3	8
3	9	7	4	8	6	1	5	2
8	1	5	2	3	7	6	4	9
4	2	1	6	9	8	5	7	3
6	5	8	7	4	3	9	2	1
9	7	3	1	2	5	8	6	4

HARD - 266

2	8	4	6	5	7	3	1	9
1	5	3	8	9	4	6	2	7
6	7	9	2	3	1	4	5	8
7	3	8	1	2	5	9	6	4
9	2	5	7	4	6	1	8	3
4	1	6	3	8	9	5	7	2
8	4	1	5	7	3	2	9	6
3	6	2	9	1	8	7	4	5
5	9	7	4	6	2	8	3	1

HARD - 267

8	5	6	2	1	7	3	4	9
9	7	4	3	6	8	2	1	5
1	3	2	9	4	5	6	8	7
2	4	9	1	8	3	5	7	6
3	8	1	5	7	6	4	9	2
5	6	7	4	9	2	8	3	1
7	1	5	8	2	4	9	6	3
6	2	8	7	3	9	1	5	4
4	9	3	6	5	1	7	2	8

HARD - 268

4	6	1	9	3	2	8	5	7
7	9	8	5	4	6	3	2	1
3	5	2	7	1	8	9	4	6
6	2	7	1	9	5	4	3	8
1	4	9	6	8	3	5	7	2
5	8	3	4	2	7	1	6	9
9	1	5	2	6	4	7	8	3
8	7	6	3	5	1	2	9	4
2	3	4	8	7	9	6	1	5

HARD - 269

4	7	5	6	9	8	3	1	2
2	6	3	1	5	7	8	9	4
9	1	8	3	4	2	6	5	7
7	9	4	2	6	5	1	3	8
1	8	2	7	3	9	5	4	6
5	3	6	4	8	1	2	7	9
8	5	7	9	1	6	4	2	3
3	2	1	8	7	4	9	6	5
6	4	9	5	2	3	7	8	1

HARD - 270

6	5	4	7	1	8	2	3	9
2	7	9	4	3	6	5	1	8
8	3	1	2	5	9	6	7	4
1	6	8	9	2	7	4	5	3
4	9	7	3	8	5	1	6	2
5	2	3	1	6	4	8	9	7
7	1	5	8	9	2	3	4	6
3	4	2	6	7	1	9	8	5
9	8	6	5	4	3	7	2	1

HARD - 271

7	5	2	1	4	3	8	6	9
8	6	9	5	7	2	3	1	4
4	3	1	6	8	9	2	7	5
1	8	3	4	2	7	5	9	6
9	2	6	8	5	1	4	3	7
5	4	7	3	9	6	1	8	2
6	1	5	9	3	4	7	2	8
2	9	4	7	1	8	6	5	3
3	7	8	2	6	5	9	4	1

HARD - 272

9	3	1	8	2	4	7	6	5
6	2	8	1	7	5	4	9	3
5	7	4	6	9	3	2	1	8
3	8	7	4	1	2	9	5	6
2	4	9	3	5	6	8	7	1
1	6	5	7	8	9	3	2	4
7	1	2	5	3	8	6	4	9
8	9	6	2	4	1	5	3	7
4	5	3	9	6	7	1	8	2

HARD - 273

6	7	5	8	9	2	4	1	3
2	3	8	4	1	7	5	6	9
9	4	1	6	3	5	8	2	7
1	5	6	3	2	4	9	7	8
4	2	7	1	8	9	3	5	6
3	8	9	7	5	6	2	4	1
5	9	3	2	7	1	6	8	4
7	6	2	9	4	8	1	3	5
8	1	4	5	6	3	7	9	2

HARD - 274

9	1	3	2	5	8	7	4	6
6	5	8	4	1	7	3	9	2
7	4	2	6	9	3	5	8	1
3	9	6	7	4	2	8	1	5
4	8	7	1	3	5	2	6	9
5	2	1	8	6	9	4	7	3
8	7	9	3	2	1	6	5	4
2	6	5	9	7	4	1	3	8
1	3	4	5	8	6	9	2	7

HARD - 275

5	9	2	6	8	1	3	4	7
1	7	8	5	3	4	9	6	2
4	6	3	7	9	2	1	5	8
8	1	4	3	2	9	5	7	6
9	5	7	8	4	6	2	3	1
3	2	6	1	5	7	4	8	9
6	8	9	4	1	5	7	2	3
7	4	1	2	6	3	8	9	5
2	3	5	9	7	8	6	1	4

HARD - 276

2	1	9	3	6	8	5	4	7
4	6	7	2	1	5	8	9	3
5	8	3	7	9	4	6	1	2
6	7	4	8	5	9	3	2	1
9	5	2	4	3	1	7	8	6
8	3	1	6	7	2	4	5	9
3	2	5	9	4	7	1	6	8
1	9	6	5	8	3	2	7	4
7	4	8	1	2	6	9	3	5

HARD - 277

4	6	1	3	5	7	9	2	8
7	3	5	2	9	8	6	1	4
2	9	8	1	6	4	7	5	3
9	4	7	6	2	1	8	3	5
6	5	2	9	8	3	4	7	1
1	8	3	4	7	5	2	9	6
8	1	4	7	3	9	5	6	2
3	7	6	5	4	2	1	8	9
5	2	9	8	1	6	3	4	7

HARD - 278

2	3	7	8	4	5	1	6	9
5	9	1	2	6	7	4	8	3
6	4	8	9	3	1	2	7	5
8	5	3	7	9	2	6	4	1
4	6	2	3	1	8	9	5	7
1	7	9	6	5	4	3	2	8
3	2	6	5	8	9	7	1	4
7	1	5	4	2	3	8	9	6
9	8	4	1	7	6	5	3	2

HARD - 279

5	9	4	6	1	8	2	3	7
2	1	3	5	4	7	6	8	9
8	7	6	3	2	9	1	5	4
9	6	7	8	3	2	5	4	1
3	2	8	1	5	4	7	9	6
1	4	5	7	9	6	3	2	8
6	8	2	4	7	3	9	1	5
7	5	9	2	8	1	4	6	3
4	3	1	9	6	5	8	7	2

HARD - 280

7	5	4	1	9	8	2	3	6
8	2	1	5	6	3	4	7	9
3	6	9	4	7	2	8	1	5
4	9	2	8	5	1	3	6	7
1	7	5	6	3	4	9	2	8
6	3	8	9	2	7	5	4	1
5	8	7	2	4	6	1	9	3
9	4	3	7	1	5	6	8	2
2	1	6	3	8	9	7	5	4

HARD - 281

2	8	1	9	3	7	5	4	6
5	6	4	1	8	2	7	9	3
3	9	7	5	4	6	8	2	1
4	5	3	6	9	1	2	7	8
9	1	6	2	7	8	3	5	4
7	2	8	4	5	3	6	1	9
8	3	2	7	1	4	9	6	5
6	4	5	3	2	9	1	8	7
1	7	9	8	6	5	4	3	2

HARD - 282

4	3	7	6	2	5	8	1	9
9	5	8	3	1	7	2	6	4
2	1	6	4	9	8	7	3	5
8	2	1	5	6	9	3	4	7
6	7	9	8	3	4	5	2	1
5	4	3	2	7	1	9	8	6
1	6	2	7	5	3	4	9	8
7	9	4	1	8	2	6	5	3
3	8	5	9	4	6	1	7	2

HARD - 283

3	8	2	7	4	6	5	1	9
1	4	6	3	9	5	8	2	7
7	5	9	2	1	8	4	3	6
2	3	8	4	5	9	7	6	1
6	7	1	8	2	3	9	4	5
5	9	4	6	7	1	2	8	3
9	1	3	5	8	2	6	7	4
8	6	7	9	3	4	1	5	2
4	2	5	1	6	7	3	9	8

HARD - 284

3	9	6	7	5	8	1	4	2
5	7	8	1	2	4	3	9	6
4	2	1	3	9	6	8	5	7
6	8	2	9	3	7	4	1	5
1	5	4	6	8	2	9	7	3
7	3	9	5	4	1	2	6	8
8	6	3	4	1	5	7	2	9
2	4	7	8	6	9	5	3	1
9	1	5	2	7	3	6	8	4

HARD - 285

7	9	6	5	8	3	4	1	2
3	5	4	7	1	2	9	8	6
1	2	8	4	9	6	3	5	7
5	3	9	1	7	4	2	6	8
6	4	7	8	2	5	1	9	3
8	1	2	6	3	9	5	7	4
4	8	1	3	5	7	6	2	9
2	6	5	9	4	8	7	3	1
9	7	3	2	6	1	8	4	5

HARD - 286

4	5	3	1	2	6	8	9	7
6	1	9	8	5	7	3	2	4
2	7	8	3	4	9	1	6	5
8	6	2	7	9	4	5	1	3
5	3	4	2	1	8	9	7	6
1	9	7	6	3	5	2	4	8
3	8	6	9	7	2	4	5	1
7	2	5	4	8	1	6	3	9
9	4	1	5	6	3	7	8	2

HARD - 287

4	7	2	6	5	1	9	8	3
3	6	9	4	2	8	7	5	1
5	8	1	3	9	7	4	6	2
1	4	7	5	8	3	2	9	6
9	5	3	1	6	2	8	7	4
8	2	6	9	7	4	3	1	5
7	3	8	2	1	5	6	4	9
2	9	5	7	4	6	1	3	8
6	1	4	8	3	9	5	2	7

HARD - 288

5	6	8	3	9	1	4	2	7
7	9	3	8	4	2	5	6	1
2	4	1	5	6	7	8	3	9
8	3	7	6	1	9	2	4	5
9	5	6	2	8	4	1	7	3
1	2	4	7	3	5	9	8	6
3	1	2	9	7	8	6	5	4
6	8	9	4	5	3	7	1	2
4	7	5	1	2	6	3	9	8

HARD - 289

7	4	9	8	2	5	3	6	1
1	2	5	6	4	3	7	8	9
3	6	8	7	1	9	2	4	5
6	1	7	2	5	4	8	9	3
9	5	3	1	8	7	4	2	6
2	8	4	9	3	6	1	5	7
4	3	2	5	9	1	6	7	8
5	7	1	4	6	8	9	3	2
8	9	6	3	7	2	5	1	4

HARD - 290

1	6	9	5	8	7	4	3	2
7	3	5	9	4	2	6	1	8
8	4	2	6	1	3	5	7	9
6	1	8	3	5	4	9	2	7
3	9	4	7	2	8	1	6	5
5	2	7	1	9	6	8	4	3
4	8	6	2	7	9	3	5	1
9	7	1	4	3	5	2	8	6
2	5	3	8	6	1	7	9	4

HARD - 291

4	8	3	7	1	5	6	9	2
1	7	5	9	2	6	8	3	4
2	9	6	8	4	3	7	5	1
9	4	1	6	7	2	3	8	5
7	3	2	1	5	8	4	6	9
5	6	8	3	9	4	2	1	7
3	2	4	5	8	1	9	7	6
8	5	9	4	6	7	1	2	3
6	1	7	2	3	9	5	4	8

HARD - 292

4	5	9	3	7	8	1	2	6
6	2	3	5	9	1	7	4	8
7	1	8	4	6	2	9	5	3
1	8	2	6	4	5	3	9	7
9	4	6	2	3	7	5	8	1
3	7	5	8	1	9	4	6	2
8	3	7	9	2	4	6	1	5
2	9	1	7	5	6	8	3	4
5	6	4	1	8	3	2	7	9

HARD - 293

8	6	5	3	2	9	4	7	1
4	9	1	5	7	6	3	8	2
7	2	3	1	4	8	6	9	5
3	7	2	9	6	1	8	5	4
5	1	9	7	8	4	2	6	3
6	8	4	2	3	5	7	1	9
1	4	8	6	9	2	5	3	7
9	3	6	4	5	7	1	2	8
2	5	7	8	1	3	9	4	6

HARD - 294

8	6	3	1	9	5	4	7	2
1	4	2	7	6	8	3	9	5
9	5	7	2	4	3	1	6	8
5	7	8	4	2	1	6	3	9
3	2	1	6	8	9	5	4	7
4	9	6	3	5	7	8	2	1
7	8	9	5	3	6	2	1	4
2	3	5	9	1	4	7	8	6
6	1	4	8	7	2	9	5	3

HARD - 295

7	5	8	3	1	6	4	9	2
9	2	1	7	5	4	8	3	6
6	4	3	2	8	9	7	1	5
3	8	6	5	4	1	2	7	9
2	7	9	6	3	8	5	4	1
4	1	5	9	2	7	3	6	8
5	9	2	4	6	3	1	8	7
1	3	7	8	9	2	6	5	4
8	6	4	1	7	5	9	2	3

HARD - 296

8	2	4	1	3	7	5	6	9
6	9	5	8	4	2	7	1	3
3	7	1	5	6	9	8	4	2
5	8	7	2	9	1	6	3	4
1	6	3	7	8	4	2	9	5
2	4	9	3	5	6	1	8	7
7	5	8	9	1	3	4	2	6
4	3	2	6	7	8	9	5	1
9	1	6	4	2	5	3	7	8

HARD - 297

7	5	9	1	6	4	3	8	2
6	2	4	5	3	8	7	9	1
3	8	1	2	9	7	6	4	5
1	6	8	9	2	5	4	3	7
2	4	7	6	8	3	5	1	9
5	9	3	7	4	1	2	6	8
8	7	2	4	1	6	9	5	3
9	1	6	3	5	2	8	7	4
4	3	5	8	7	9	1	2	6

HARD - 298

1	8	5	6	7	3	2	9	4
6	9	2	5	8	4	3	7	1
4	7	3	9	2	1	8	5	6
3	2	7	8	9	6	4	1	5
5	1	8	3	4	7	6	2	9
9	6	4	2	1	5	7	3	8
8	4	1	7	5	2	9	6	3
7	3	9	1	6	8	5	4	2
2	5	6	4	3	9	1	8	7

HARD - 299

5	4	2	8	1	7	9	3	6
7	9	8	4	6	3	5	1	2
6	1	3	2	5	9	4	7	8
8	6	5	9	4	1	7	2	3
9	3	4	6	7	2	8	5	1
1	2	7	3	8	5	6	4	9
3	7	6	1	9	4	2	8	5
4	8	1	5	2	6	3	9	7
2	5	9	7	3	8	1	6	4

HARD - 300

9	2	1	3	4	6	8	7	5
5	4	7	8	2	9	3	1	6
8	3	6	7	5	1	2	4	9
2	7	9	5	8	4	1	6	3
6	1	8	2	9	3	7	5	4
3	5	4	1	6	7	9	8	2
7	6	5	9	1	2	4	3	8
1	8	2	4	3	5	6	9	7
4	9	3	6	7	8	5	2	1